CAFA
URBAN

空间 · 社会 · 人
中央美术学院建筑学院城市设计教学十年探索

中央美术学院建筑学院城市设计与规划系　编著

 中国建筑工业出版社

图书在版编目（CIP）数据

空间·社会·人 中央美术学院建筑学院城市设计教学十年探索 / 中央美术学院建筑学院城市设计与规划系编著. —— 北京：中国建筑工业出版社，2018.12

　ISBN 978-7-112-22942-0

　Ⅰ . ①空… Ⅱ . ①中… Ⅲ . ①城市规划 – 建筑设计 – 教学研究 Ⅳ . ①TU984

　中国版本图书馆CIP数据核字(2018)第259895号

　　中央美术学院城市规划与城市设计教学迄今已逾十年，涵盖从城市空间观察认知到城市规划原理、城市设计原理到城市空间研究、社会行为研究、城市设计等内容，已经初步建立"认知—理论—设计"的教学框架体系。在中央美术学院开启新的百年征程之际，不忘初心，完善城市规划、城市设计教学体系、打造教学品牌、提高教学质量是我们不变的目标和追求，本书是中央美术学院城市规划与城市设计教学过去10余年教学探索的汇编和总结，本书适用于城市规划、建筑学专业师生以及城市规划、城市设计与建筑设计从业人员与爱好者。

　　责任编辑：吴　佳　唐　旭
　　责任校对：姜小莲

空间·社会·人　　中央美术学院建筑学院城市设计教学十年探索
中央美术学院建筑学院城市设计与规划系　编著

*

中国建筑工业出版社出版、发行（北京海淀三里河路9号）
各地新华书店、建筑书店经销
北京富诚彩色印刷有限公司印刷

*

开本：787×1092毫米　1/20　印张：8⅖　字数：240千字
2019年5月第一版　2019年5月第一次印刷
定价：108.00元
ISBN 978-7-112-22942-0
（32990）

2017 城乡规划一级学科建设及教学高峰论坛合影留念

中央美术学院

2017.11.25

本书编写人员

虞大鹏
苏　勇
李　琳
何　崴
罗　晶

序

城乡规划学与建筑学、风景园林学都是现代城市、建筑学科的重要支柱，也是3个并列的一级学科。城乡规划从最初作为建筑学一级学科下属二级学科到独立的一级学科存在，教育部有国家战略层面的全面考量和部署。目前，城乡规划是中央美术学院6个一级学科之一，中央美术学院也是目前全国艺术院校中唯一开设有城乡规划一级学科的高校。

针对目前世界范围的文化、生态和经济危机，中央美术学院的城乡规划学科力图充分发挥中央美术学院学术资源与优势，并与自身专业内涵探索相结合，注入人文历史和艺术审美，强调专业间的交融互补与学术渗透。学科以中国当代城市文化研究为基本的学术出发点，强调对于各学科的综合性探索，着重研究城市文化中所遇到的一系列基本问题，包括文化解读问题、历史及人类学问题、社会学问题、视觉造型问题等等，将一直以来被认为是"隐性"与"飘忽不定"的文化因素进行"显性"解读，对文化脉络进行"当代显影"，将中国传统文化、世界优秀文化的学术成果与中国当代城市发展的巨大动力相互结合。

历经多年的建设和发展，结合学校学术特点与专长，中央美术学院城乡规划学科已经初步建立以"城市设计"为研究重点和发展方向的教学课程体系。城市设计侧重城市中各种关系的组合，建筑、交通、开放空间、绿化体系、文物保护等城市子系统交叉综合，联结渗透，是一种整合状态的系统设计。此外，城市设计具有艺术创作的属性，以视觉秩序为媒介、容纳历史积淀、铺垫地区文化、表现时代精神，并结合人的感知经验建立起具有整体结构性特征、易于识别的城市意象和氛围。这些正是对中央美术学院校训"尽精微、致广大"的完美体现。

中央美术学院始终肩负着中国社会文化建设和文艺繁荣的重大使命，始终在实践中努力探索有中国特色的社会主义美术教育道路，开启了与中国现代化进程相适应的高等美术教育新阶段。从学科建设和教学发展角度，我们希望能够结合中央美术学院优厚的人文艺术氛围，推动现代城市设计的不断创新；改变现行规划教育与实践中重技术、轻人文的倾向，结合中央美术学院人文研究专长，体现中央美术学院规划教学的学术价值；健全、壮大中央美术学院学科建设，发挥中央美术学院浓厚的人文与艺术创造影响力，强调各设计专业间的交融互补与学术渗透，探求城市空间生成艺术的创造潜力；以高品味的审美和文化内涵推进规划教育，促进中国规划教育多元化发展；改变现行城乡规划教育、实践与管理中量化研究工作体系的僵化教条倾向，以实现城市文化、生活、氛围与效率、程序的有机结合，营造有活力、有生活、充满人文气息的城市空间。

2018 年是中央美术学院建院 100 周年，作为中央美术学院的新兴学科，城乡规划学已经成为中央美术学院百年历史、百年辉煌的一个组成部分。希望在新的百年，中央美术学院城乡规划学科能够为中央美术学院学科建设，为中国的城乡规划学科建设以及城乡规划实践作出更大的贡献。

中国美术家协会主席

中央美术学院　院长

范迪安

目 录

1 城市新时代

2017 年 11 月 25 日，城乡规划一级学科建设及教学高峰论坛在中央美术学院 7 号楼红椅子报告厅成功举行。

论坛期间，中央美术学院院长范迪安教授结合新形势的发展阐述了在中央美术学院设置城乡规划学一级学科的重要性和必要性，全面介绍了中央美术学院学科发展和建设概况，学院对于学科建设的重视，提出在中央美术学院即将迎来百年校庆的时刻，中央美术学院六个一级学科都面临着新的机遇与挑战。范迪安院长指出中央美术学院在学科建设和学术追求上追求"要做就要做到顶尖"，表达了对城乡规划一级学科建设的重视和期待。范迪安院长尤其指出中央美术学院的城乡规划学科应该体现"美院风格、美院气质"，在十九大明确提出我国已进入"新时代"的宏大背景下，在城市建设面临巨大转型的新时期，贡献中央美术学院应该具有的力量。

同济大学副校长、中国工程院院士吴志强教授讲述了自己学习十九大报告的心得体会，提出城乡规划学科在未来中国的责任、前景和重点。十九大报告提出"从 2035 年到本世纪中叶，在基本实现现代化的基础上，再奋斗十五年，把我国建成富强民主文明和谐美丽的社会主义现代化强国。到那时，我国物质文明、政治文明、精神文明、社会文明、生态文明将全面提升。"在"五个文明"基础上，吴志强院士提出了"五大美丽"："美丽中国从城乡做起，美丽城乡从设计开始，美丽规划从学科做起，美丽环境从生态做起，美好生活从实践做起"。中央美术学院副院长，时任中央美术学院建筑学院院长吕品晶教授在论坛开幕致辞中对中央美术学院城乡规划学科以及建筑学科群的未来发展进行了剖析和展望。

2017 城乡规划一级学科建设及教学高峰论坛现场

吕品晶院长致辞之后，论坛进行了7场主题发言：

吕品晶

1. "新时代"我国城乡规划一级学科建设发展的思考。重庆大学赵万民教授的报告就我国城乡规划一级学科建设的时代命题、"新时代"城乡规划学科发展的战略认识以及城乡规划学科建设与地域性实践进行了全面综述。提出在新的历史发展时期，伴随中国城镇化高速发展走向后期，冷静地认识城乡规划一级学科建设发展的成就、面对的问题和挑战，以及未来发展的机遇和历史责任，是一项重要并有意义的工作。

赵万民

2. 空间塑造的社会价值——城市设计与历史保护中的探索。清华大学边兰春教授从"社会—空间"视角下的城市认识、转型发展下的城市设计特征、城市设计的价值导向与实现以及从城市看"街""院"的日常生活四个方面对城市设计进行了深层思索，认为城市设计应该关注适应社会生活的场所创造。

边兰春

3. 城乡规划学科特色化发展之路。同济大学孙施文教授从对城乡规划学科及其发展的再认识、城乡规划学科特色的表现以及城乡规划学科的特色化发展路径三个方面对城乡规划学科的内涵和外延进行了全面阐释。

孙施文

4. 城乡规划专业人才培养模式的思考。同济大学彭震伟教授首先对中国现代城市规划专业发展历程进行了回顾，然后针对中国当前城乡规划专业发展状况进行了综述，介绍了城乡规划学科相关的核心课程体系以及知识架构。最后，在此基础上，对新形势下城乡规划专业人才培养模式进行了深入审慎的思考。

彭震伟

5. 城市规划的执业前瞻与教育反思。华南理工大学王世福教授认为城市化过程具有相当程度的自演进特征，目前中国城市化进入减速增长后半程，城市问题、发展动力和发展方式的认识显得尤为重要。城市规划，作为应对城市问题，配置空间资源，有目的地干预城市化的一种社会分工，其专业教育与执业能力，需要置于整体城市化进程中予以深刻认识。中国规划教育必须与中国城市化进程及城市转型相适应，城乡规划学是具有强烈人文与社会科学属性的工科。既要保持工科属性应对国家需要建设更优质城市空间形态的顶层目标，更要强调人文社科属性以回答更好城市化的中国特征这一学科根本问题。

王世福

6. 立足地域·回应时代——城乡规划学科建设回顾与思考。西安建筑科技大学段德罡教授从西安建筑科技大学城乡规划学科的发展谈起，从历史积淀、地理位置、地域特征、文化发展角度提出要"承启历史·尊重自然、立足西部·回

段德罡

归本原、回应时代·面向未来"，在种种有利与不利因素中上下求索，建设具
有极强地域特点与文化特征的城乡规划学科。

虞大鹏

7. 空间·社会·人——中央美术学院建筑学院城乡规划学科概况。中央美
术学院虞大鹏教授对中央美术学院城乡规划学科的建设、发展进行了全面陈述，
认为目前我国城市建设由增量规划向存量规划转变，城市已经进入新的发展时期，对文化遗产、生态环境、城
市设计、城市更新等领域的重视程度日益提高，这给中央美术学院城乡规划学科建设带来了机遇和挑战。虽然
目前中央美术学院城乡规划学科发展面临种种困境和压力，但是看到充满希望的未来可能性，中央美术学院应
该有信心、有责任、有担当，完成自己的城市使命。

7 场发言，精彩纷呈，对当前我国城乡规划学科发展的现状、存在问题、学科建设的方向、专业教育的思索、
学科特点的打造进行了全面的梳理和总结。

论坛结束之后，专家与中央美术学院建筑学院教师进行了座谈，深入探讨了关于城乡规划学科的内涵和外
延。专家们重点针对中央美术学院的学科特点、学术环境、学科建设方向提出了建设性意见和建议，认为中央
美术学院城乡规划学科建设能够丰富我国城乡规划学科的学科体系，在城市美学、城市艺术人文等领域可以发
挥巨大甚至是不可替代的作用。段德罡教授结合西安建筑科技大学城乡规划学科建设的经验，谈道学科建设要
抓特色，要追求品质。孙施文教授认为中央美术学院的城乡规划学科建设一定要加强与中央美术学院其他专业
的联系并进行有深度的结合，要走出一条特色发展之路。王世福教授认为中央美术学院具有可以代表中国水平
的艺术平台，中央美术学院城乡规划学科应该引领美学与城乡规划的无缝跨界，创造新时代的城市美学和城市
评论，像原子弹一样体积虽小但能量巨大。赵万民教授认为我们国家经济层面提升之后就是文化层面的提升，
而文化层面里最高层次是美术，文化里最核心的问题还是关于"美"的问题，建议中央美术学院城乡规划学科
特色应该是紧紧抓住城市建筑空间里的人性空间、文化空间、历史空间、艺术空间问题，等等，在这里面找到
立足点。

中国有坚定的道路自信、理论自信、制度自信，其本质是建立在 5000 多年文明传承基础上的文化自信（故
宫博物院院长单霁翔）。中央美术学院城乡规划学科在学科特色、学科资源、学科方向以及学科队伍上已经开
始了风格鲜明的尝试和探索，结合中央美术学院国家级的艺术、人文学科体系，美术学、设计学一流学科建设
的大环境，作为中国最顶尖的艺术学府，中央美术学院有责任、有义务而且也有能力在这方面作出自己的贡献。

（本文在 2017 城乡规划一级学科建设及教学高峰论坛后记通稿基础上调整完成。）

中央美术学院建筑学院

城市设计与规划系　系主任　虞大鹏

2 中央美术学院
城市设计教学历程

中央美术学院建筑教育办学历史可以追溯到1928年，之后随着时代变迁进行了各种调整，中央美术学院建筑教育一时停滞。1993年在时任中央美术学院院长靳尚谊教授的倡导下，中央美术学院在壁画系恢复设立建筑与环境艺术设计专业；1995年中央美术学院成立了设计系，在艺术设计学科目录下分设建筑与环境艺术设计和平面设计两个专业方向；1999年向教育部申报设计艺术学文学硕士学位授予权获得批准，在维持了6年10人左右的小规模教学之后，开始了建筑与环境艺术设计专业的逐年扩招；2002年建筑与环境艺术设计专业的本科招生规模已达到了100人，建筑设计和环境艺术设计两个专业方向开始分开设立；设计系在2002年末发展成立为设计学院，同年申请设立建筑学（工学）专业获教育部批准；2003年中央美术学院通过与北京市建筑设计研究院的合作办学，将建筑设计和环境艺术设计两个专业从设计学院分离出来单独成立了建筑学院，并于2003年10月28日举行了正式成立仪式，新成立的建筑学院成为中国高等美术教育系统中的第一所建筑学院。

中央美术学院城市设计教学以及以此为基础的城乡规划一级学科建设基本上是伴随中央美术学院建筑学院的设立、发展而同步开始的。2005年，中央美术学院建筑学院正式设立城市规划教研室，逐步开设城市规划理论与设计系列课程，如居住区规划设计、城市设计、城市规划原理、城市设计原理、城市发展建设史等，这些课程侧重于教授学生有关城市文化、城市形象及规划设计方法等方面的知识，将设计课题置于更为宏观的层面进行探讨，致力于培养学生逐步具备更为理性、全面的设计思维，是对建筑学院设计教学体系连续性及系统性的进一步完善。

2011年进行的建筑学学科调整将原建筑学学科分为建筑学、城乡规划学和风景园林学三个一级学科，中央美术学院申报上述三个一级学科硕士点均获得批准，成为国内唯一一所同时设立建筑学、城乡规划学和风景园林学三个一级学科硕士点的艺术院校，中央美术学院学科建设进入新的发展阶段。随着专业发展的需要和课程体系的完善，中央美术学院建筑学院于2012年在建筑学专业基础上开设城市设计方向，希望以此为基础建立、完善从本科到硕士乃至博士的城市设计、城乡规划教育体系。截至2017年，全国开设城乡规划本科专业的院校共有227所院校（2015年数据为162所，2016年数据为200所），其中具备城乡规划一级学科点的共32所。从32所高校的性质看，主要为综合类院校和农林类院校。中央美术学院为全国美术院校中唯一开设城乡规划一级学科硕士点的高校，已经初步形成本科（建筑学专业城市设计方向）——硕士研究生（城乡规划学）——博士研究生（设计学）的教学体系。

目前我国城市建设由增量规划向存量规划转变，城市已经进入新的发展时期，对文化遗产、生态环境、城市设计、城市更新等领域的重视程度日益提高，这给中央美术学院城乡规划学科建设、城市设计教学带来了机遇和挑战。立足于中央美术学院雄厚的人文学科、造型学科，结合目前已经具备的建筑学科力量，发挥中央美术学院学术资源与优势，并与自身专业内涵探索相结合，注入人文历史和艺术审美，强调专业间的交融互补与学术渗透。着重研究城市文化中所遇到的一系列基本问题，包括文化解读问题、历史及人类学问题、社会学问题、视觉造型问题，等等，将一直以来被认为是"隐性"与"飘忽不定"的文化因素进行"显性"解读，对文化脉络进行"当代显影"，将中国传统文化、世界优秀文化的学术成果与中国当代城市发展的巨大动力相互结合。强调城市美学、社会学、生态学、伦理学和环境行为学等相关学科与城市设计的相互融合与结合，突出创意和方法论及其理论研究，探求城市空间生成艺术的创造潜力。从文化和艺术的角度审视当代城市的发展，研究城市环境，强调遗产保护，突出城市艺术史论与城市文化理论研究，探求城市遗产保护和人文艺术文脉的延续，探索城市美学的多途径表达语言。结合中央美术学院优厚的人文艺术氛围，推动现代城市设计及研究的不断创新；针对当前规划教育中人文精神的缺失，改变现行规划教育与实践中重技术、轻人文的倾向，体现中央美术学院城市设计教学的学术价值，促进中国城市规划教育多元化发展；力图实现城市文化、生活、氛围与效率、程序的有机结合，营造有活力、有生活、充满人文气息的城市空间；为可持续发展的国家"转型"与"创新"培养高水准、高层次、有发展潜质的城市规划与设计人才。

中央美术学院城市设计教学已逾十年，在中央美术学院开启新的百年征程之际，不忘初心，完善城市设计教学体系、打造城市设计教学品牌、提高城市设计教学质量是我们不变的目标和追求。

（虞大鹏）

2017 城乡规划一级学科建设及教学研讨现场

3 中央美术学院
城市设计教学框架

3.1 认知城市

3.1.1 初涉城市：现当代城市赏析

课程时间：4周，每周3课时，共12课时

学生：本科一年级建筑学院基础部必修；中央美术学院全院开放选修

课程负责人：虞大鹏 教授

教学团队：虞大鹏、苏勇、李琳、罗晶

烟袋斜街

1. "我" ·在!
城市中的开敞公共空间

美国著名的城市学者埃德蒙·培根说："城市设计主要考虑建筑周围或建筑之间，包括相关的要素如风景或地形所形成的三维空间的规划布局和设计。"英国皇家城市规划学会前主席 F. Tibbalds 也把城市设计定义为：一种为了人民的工作、生活、游憩而随之受到大家关心和爱护的那些场所（Place）的三维空间设计。

城市作为每个城市人的家，根据功能和所有权属性可以分为公共空间和私人空间，而关于城市公共空间的研究一直都是城市设计学科的重点。

烟袋斜街街道断面空间示意图

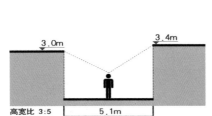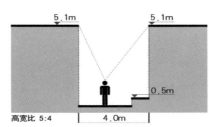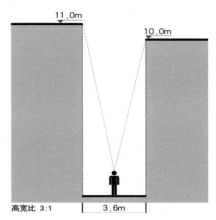

烟袋斜街街道断面高度视线示意图

　　在城市公共空间中，街道空间和城市广场又是重中之重。自从最早的人类聚居点开始出现，道路也就随之出现了，人类建造道路的历史可以追溯到原始社会。没有人能够真正说出世界上第一条道路是在何时或在何处建成的，一般来说，道路是指地面上供人或车马通行的部分。《周礼·夏官·司险》："司险掌九州之图，以周知其山林川泽之阻，而达其道路。"人类是群居性社会动物，满足纯粹功能性需要道路如高速公路等都是在进入现代社会之后产生的。在人类进入汽车时代之前，城市的规模都还没有迅速膨胀扩张，城市中的道路，也就是"街道"，承载着比交通更多、更复杂、与人们生活联系更密切的功能。此外，作为城市居民的客厅，城市广场在现代城市生活中扮演着举足轻重的角色。它是城市公共生活主要载体之一，在很大程度上影响着城市居民的物质生活质量和精神生活质量。因此，在西方城市中著名的城市广场往往都具有很高的知名度，也是一个城市的重要地标，通过它们可以了解一个地域、一个时代

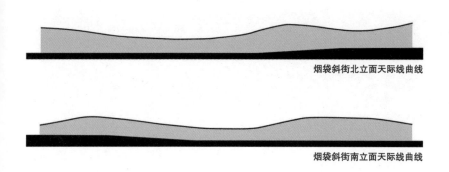

烟袋斜街北立面天际线曲线

烟袋斜街南立面天际线曲线

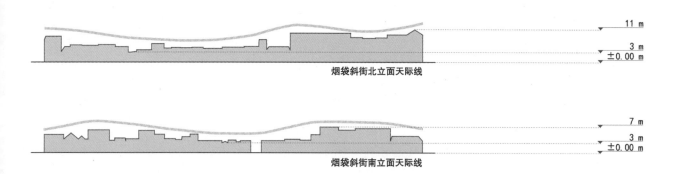

烟袋斜街北立面天际线

烟袋斜街南立面天际线

的众多信息。

在工业革命以前的传统中国城市，"街道"是一个单元词汇，它集商业、休闲、交流和交通功能于一体。自19世纪末，汽车的出现，成为城市生活的重要组成部分，不但改变了人们的生活方式，也对原有的道路结构产生了巨大冲击。街道开始不再是一体而渐趋分离、独立。随着人口的增加，堵塞问题在城市中司空见惯。为了解决交通问题，一味地以拓宽道路、增加道路密度来提高车辆的流通量，而在有意或无意间忽略甚至放弃了"街"原本承载的作用。

由于文化传统的不同，中国的王权集中统治模式与西方民主分散的统治模式造成中国传统城市公共空间与西方传统城市公共空间有比较大的不同：在中国传统的城市空间中，基本并不具备西方意义上的重要传统公共空间类型——广场。西方城市广场的类型有很多，其中有一类所谓"市场广场"，几乎存在于每一个西方传统城市之中，其主要功能是在特定的时间作为市场使用，人们

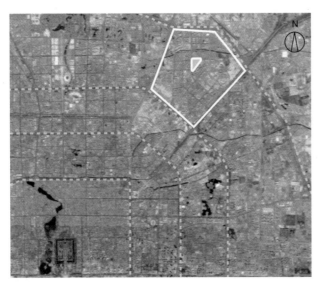

望京体育广场

可以在此交易。其他时间就是作为普通的广场使用，人们可以在这里散步、喝咖啡、晒太阳、聊天……人们在这里可以不受约束地向任何一个方向行走，也可以在任何一点停留，广场让人体验到存在的无限可能，体验到心灵的自由，这种弥漫的自由和无限的包容与默许构成了真正的广场精神。"街道的主要目的是社交性，这赋予其特色：人们来到这里观察别人，也被别人观察，并且相互交流见解，没有任何不可告人的目的，没有贪欲和竞争，而目标最终在于活动本身……"马歇尔·伯曼关于街道的这段话，非常清晰地点明了街道的"街"属性也就是其社会属性。从某种意义上讲，中国传统城市中的街道是西方传统城市中街道与广场的结合体。

"街道及其两边的人行道，作为一个城市的主要公共空间，是非常重要的器官，当你想象一个城市的时候，是什么会首先映入脑海？如果一个城市的街道看起来充满趣味性，那么城市也会显得很有趣；如果街道看上去很沉闷，那么城市也是沉闷的。"

欧洲城市的先天优势在于其成型期：多数名城出现在手工业繁荣的中世纪，机器时代来临之前。居住与商业活动糅合在一起，悠哉悠哉的步行节奏千年不变。无论是王公大臣还是一介草民，穿越城市的时候，疾徐顶多介乎徒步与策马之间——都有余裕感受路边的景象。在触手可及的、丰沛的可感受性当中，

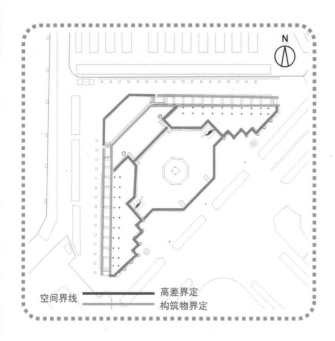

空间界线 ━━━━ 高差界定
　　　　 ──── 构筑物界定

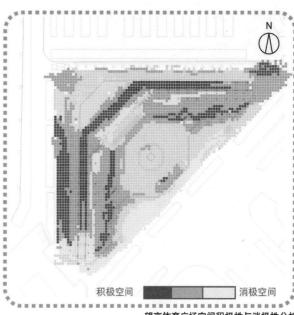

积极空间 ▦▦▦ 消极空间

望京体育广场空间积极性与消极性分析

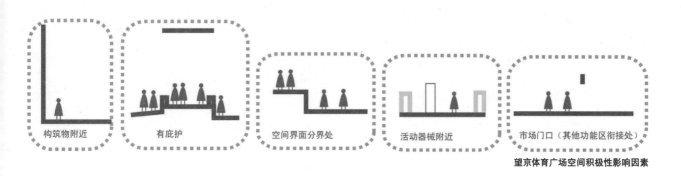

构筑物附近　　有庇护　　空间界面分界处　　活动器械附近　　市场门口（其他功能区衔接处）

望京体育广场空间积极性影响因素

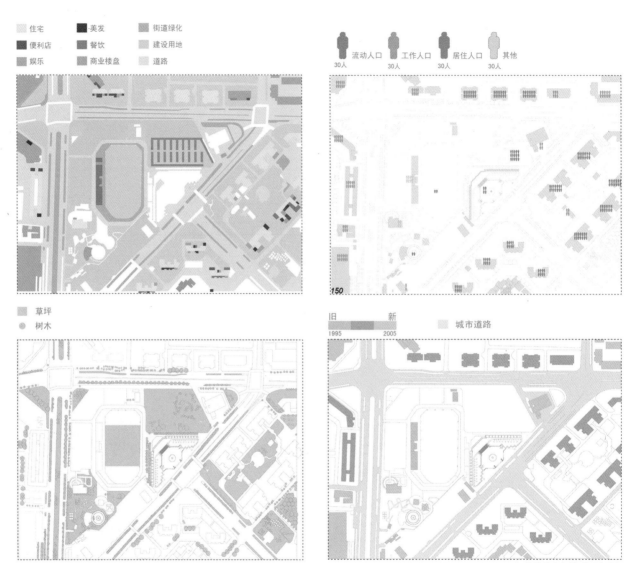

望京体育广场构成要素分析

传统的市民生活和文化事件充盈在城市的街道和广场上。从而，一方面，随着城市生活的开展，街道历时上百年逐渐生长，呈现出自然、自由、看似随意的脉络；另一方面，街道界面无微不至的累累细节也是顺理成章的副产品。

与西方城市中的广场传统不同，在中国城市的传统空间类型中没有广场，或者说没有西方意义的广场。中国城市的传统空间中虽然也有大面积的开敞空间，但它们大多以封闭式的"市"的模式出现，并不具备西方城市广场全天候、全公共的特征；在构成广场的空间元素塑造上，中国传统"广场"也不系统，或者说相对单一。

朱家胡同

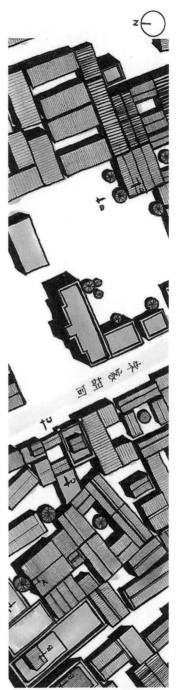

朱家胡同平面图

这些都使中国传统"广场"在现代城市中逐渐式微，并没有得到大范围的传承和发展。

近年来，随着中国经济的发展，中国的城市化进入一个高速发展的时期。城市建设、城市物质形态也日新月异，在城市中也出现了一系列带有西方广场影子，但又具有中国城市独特性的广场空间。它们属性不一，空间质量也有好有坏，但在城市时空中都扮演着显著的角色。

对城市街道、广场进行深入细致的分类、概括，在此基础上从空间尺度、视觉感受、材料分析等各方面入手研究空间问题，研究人与空间的相互作用。人的活动需要空间，会因为活动需求而改变、调整、创造空间；反之，空间也会对人的行为、心理产生影响。空间与人是相互作用、相互影响的关系。在此基础上培养以人为本的设计、研究理念。强调"观察人、研究人、分析人"，是空间研究的核心，也是设计立身之本。

（虞大鹏）

朱家胡同空间分析

2. 从建筑到城市：以历史演进的视角

柯布西耶光辉城市方案

　　"现当代城市赏析"课程旨在帮助学生初步建立设计的城市观。作为第一节课，课程希望架起从单体建筑到与城市关系之间的认知桥梁，将刚刚形成的设计意识扩展到更大的视野，审慎对待建筑设计的城市背景和周边环境，并建立城市和建筑发展的历史观。为了达到上述目标，此次课程从3个角度展开：（1）从建筑到城市；（2）从古典到现代；（3）从理性到现实。分别介绍了城市和建筑的关系；城市和建筑的发展脉络，尤其是现代主义的设计理念如何影响当前城市发展的方向，以及建筑大师的城市理想和在这些理念引导下的城市案例。

1）从建筑到城市

　　城市和建筑是人类智慧的集中体现，也是政治、经济、社会活动的重要载体，它们始终因为这些要素的改变而处于或缓或急的变动之中。但建筑和城市的关系究竟是什么，需要以怎样的视角看待建筑所生长的城市和时代背景，这是本课程率先抛出的两个基本问题。在提出上述问题，并进行描述的过程中，世界上知名城市的案例，如北京、香港、伦敦和纽约等城市被作为背景进行了介绍，其中城市中一些地标性建筑和普遍的大量性

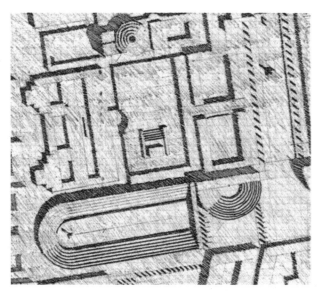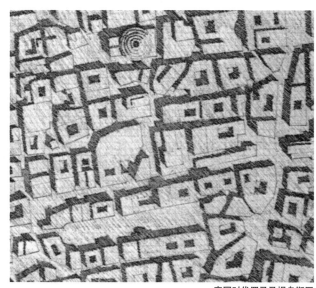

帝国时代罗马马提乌斯区

建筑被当成观察的对象，从而将建筑设计的局部视角镶嵌入城市设计更大范围的视域之中。这不仅有助于同学们主动思考建筑与城市的关系，同时也希望提醒设计中城市的文脉和场所需要获得应有的关注。

　　在建立两者的宏观联系之后，城市中鲜活的生活被展现出来。正是市民活动的不同方式和行为目的，以及活动和活动之间的联系串接起城市的各个实或虚的空间，也是建筑、街道、广场、公园等城市各组成部分之间协作共存的网络基础。随着人类生活方式和需求的转变，城市的组织方式和建造途径都不断在演变。

2）从古典到现代

　　在建立建筑设计的城市观后，课程希望引入城市和建筑发展的历史观。对于中国学生而言，当前城市面貌多已呈现现代城市的风貌，因而我们有必要将学生带入人类历史的长河中看待城市和建筑的发展。我们可以看到，当前世界各地城市建筑的主流，并不是经历了数千年发展的古典建筑，取而代之的是与之大相径庭的现代建筑形式，这种建筑形式在 20 世纪初开始大量涌现，伴随着工业化科学技术的发展造就了所谓现代的城市。现代建筑与古典建筑在形式上的强烈对比，所折射出的是 20 世纪现代建筑运动的巨大力量，这种力量所改变的不仅仅是一种简单的形式或风格，而是长时间积蓄在建筑形式之中的巨大思想能量。不理解现代建筑之前建筑形式，城市背景及其思想一脉相承的延续性发展脉络，就无法真正认知现代思想之于人类的革命性意义。很显然的是，这种革命性的转变不可能是偶然发生的，也不可能是一蹴而就的。了解这一转型的背后动力与实际过程，一方面可以帮助我们更加准确地认识现代建筑大师及其作品的历史意义和局限，另一方面也是我们正确理解现代城市及其发展路径的重要切入点。

雅典卫城

3）从理想到现实

为了能更好地说明对城市和建筑的思考本质上有其统一性，或者对城市活动及其发展趋势的认识是产生建筑思想的重要源泉之一，本节课的最后部分列举了大家耳熟能详的建筑大师对城市规划和设计的深入思考及建设理想。尤其重点介绍了对于一年级学生最熟悉的两位现代建筑的大师，柯布和赖特的城市思想："光辉城市"和"广亩城市"。两位建筑大师针对不同的城市现状发展出截然不同的城市理论，引领了不同类型国家和地区城市发展的方向，同时用巴黎、昌迪加尔、洛杉矶、北京、上海等代表性城市说明了这两种不同城市发展策略带来的空间结果。

（李琳）

3. 当我们讨论曼哈顿时，我们会讨论些什么？

纽约时代广场

　　本节课的目的是为了让同学逐渐进入专业语境，获取看待城市与其中的建筑、社会、人的深度视角。课程试图通过对一个范例的展开讲述，折射出城市中的种种问题以及它们在专业上的大致文脉，一方面介绍了从专业角度如何看待城市所涉及的诸多层面，另一方面也引导同学进行思辨，从而建立批判性的问题意识。之所以选择曼哈顿作为这个范例，乃因当下主流针对城市的研究与设计理论仍多基于西方城市发展脉络，曼哈顿作为一个历史较短但迅速繁荣并成为全球城市代表之一的西方案例，是一个在3个小时内让同学迅速进入语境并从中窥得某些城市范式的上佳途径。除曼哈顿外，全球值得探讨的城市范例不胜枚举，它们并不能够被笼统地归纳，而应在同学之后的专业学习中逐步被展开，作为一个个范例以类推出不同层面的城市议题范式。

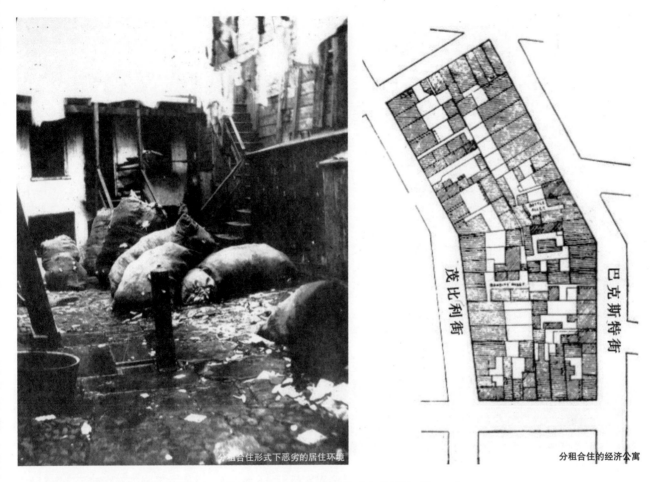

分租合住形式下恶劣的居住环境

分租合住的经济公寓

　　我们讨论城市问题的维度之多，使得对于城市的理解构成知识的矩阵，而无法以任何线性的方式涵盖所有。因此，本节课虽以时间为标尺讲述曼哈顿城市发展的故事，但却在其中以一个个专题的形式并进地讨论故事背后的设计与理论问题。在时间标尺上，课程首先介绍了自 17 世纪 60 年代英国人接手开始至美国独立之前曼哈顿岛的建成环境与规划发展，之后以 1814 年 John Randel 规划为分割点，开始讲授的主体部分，大概依循三条线索展开对于曼哈顿的讲述：

　　第一条线索是曼哈顿格网的规划及由此形成的大道（Avenue）、街（Street）及广场，继而讨论由这些大道、街、广场界定下住宅的变迁。在这条线索下，课程讨论了现代性对于城市规划中效率、经济、理性等的追求，并分析了这种

纽约中央公园

追求带来的城市发展正面推动力与负面影响。格网的形制进而影响了住宅形制，并在特定的移民社会条件下，发展出分租合住的经济公寓形式。这一形式一度由于对居住密度的超量追求，造成了居住环境的持续恶化，密度与通风采光等基本居住需求之间的斗争不断映射于公寓形式的变化当中，相应地，居住于其中的移民生活条件也每况愈下，治安混乱、疾病蔓延。在这一过程中，城市建成环境与社会政治之间的勾连成为值得讨论的城市议题，例如分租合住的经济公寓就此成为美国社会对移民的刻板印象的一部分、政策法规如何介入建筑形式以及介入的程度、经济发展与土地和建筑之间的关系等。

第二条线索是与住宅发展并行的城市景观的发展，在此以中央公园为最具话题性的范例。城市公园作为一种公共服务在社会中的地位与角色是此线索所

1853 年曼哈顿工业博览会水晶宫

涉及的第一个城市议题，以奥姆斯特德为代表的延续英国公园运动的一系列城市景观公园设计是城市发展史上重要的一笔。课程详细介绍了中央公园的兴建始末，并强调了其并非始终繁荣——20 世纪 20 年代的大萧条甚至使得公园成为无家可归者的聚集地——由此引出纽约城市发展的重要人物 Robert Moses，引导学生讨论思考规划与公共机构在城市繁荣与复兴过程中的正面与负面作用，以及自然与人工、单调与多样、高效与资本投机等诸多辩证性议题。

　　第三条线索是公共建筑的线索——置于纽约的城市语境当中，也可以近乎理解为这是一条关于摩天楼的线索。这条线索从 1853 年曼哈顿工业博览会的翻版水晶宫与拉丁瞭望台开始，以奥的斯的蒸汽升降机为标识性的开端。课程的重点并未放置在单个摩天楼如何建造上，而是讨论伴随摩天楼高度的逐渐向上，私人领域与公共领域的冲突矛盾如何发生，又由何方行动化解。曼哈顿的建筑后退法被作为范例加以分析，曼哈顿当下的城市形态便是这一法规的直接影响产物。除政策法规外，技术对于城市的影响也被加以探讨，本课程以帝国大厦为例，其规划的完满度、政策的精确度以及对于用地的全面占据，使得其如同一个自动建筑一般，吞噬着原料迅速地建造自己。在这些摩天楼的语境下，自上而下的规划视角成为城市讨论中的另一个议题。此处课程重新引出 Robert Moses，并就 Jane Jacobs 对其的批判与由此掀起的社会运动展开规划秩序与社区营造的讨论。

今天我们所看到的曼哈顿，就是在这些城市发展的线索的基础上延续下来的面貌。这节课的最终目的，就是让同学们认识到，城市是非常跨界的，各种各样的生活发生其中，各种专业的人汇聚在一起解决问题。在这其中，城市设计者发挥着重要的角色，他们将社会过程物化于建成环境当中，并让建成环境反过来影响人们的生活。在专业的视角下，城市远不止建筑本身，还有与建筑息息相关的一系列人们的生活、政治、经济、社会。

（罗晶）

纽约曼哈顿

4. 基于模块化理论的城市设计理论与实践教学研究

城市设计思想古已有之，然而具有现代意义的城市设计教育是伴随着 20 世纪 80 年代中国的改革开放而被引入，又随着 21 世纪初中国的快速城市化而逐渐普及，时至今日城市设计课程已成为我国主流建筑与规划院校建筑学和城市规划两个专业的核心课程之一，并且已成为本科四年级的主干设计课程。应该说城市设计课程的开设，适应了我国城市化的飞速发展带来的对城市设计方面人才的大量需求，有力促进了中国城市建设的发展，其本身也在不断的理论和实践总结下逐步发展和完善起来。然而由于城市设计本身的综合性、复杂性和动态性特征，要求设计者不仅熟知城市规划的内容，更要具备建筑设计的知识与能力，同时还应具备与经济、工程、环境生态等多方面专业人员合作的团队意识。因此，我们需要用新的眼光来重新审视目前的城市设计教育，进一步完善城市设计课程体系的研究，明确城市设计教学培养目标与重点，建立城市设计教学方法已成为建筑规划教育界迫切的任务。

1）目前城市设计传统教学模式存在的问题

（1）重课程本身轻体系化建设

"从目前的城市设计在学科分类中的地位来看，它本身尚不能称为一个独立的、成熟的学科，只是处于建构学科的历史过程中的初级阶段，是正在发展中的专业领域。"[1]正是如此，目前的城市设计仍然属于依附于建筑学和城市规划两个专业下的子课程，自身缺乏体系化的学科建设。

（2）重空间设计轻综合能力培养

目前我国主流院校的城市设计教学无论是建筑学还是城市规划专业都基本由建筑学科发展而来，理论教学注重城市的物质形态与工程技术方法等，侧重于解决城市空间形态和工程技术问题。而对城市设计中的经济、社会及生态环境等问题缺乏足够关注，显露出相关学科知识引入的薄弱，甚至缺漏。

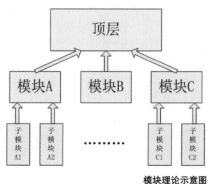

模块理论示意图

---

[1] 金广君. 美国的城市设计教育. 世界建筑, 1991, 5.

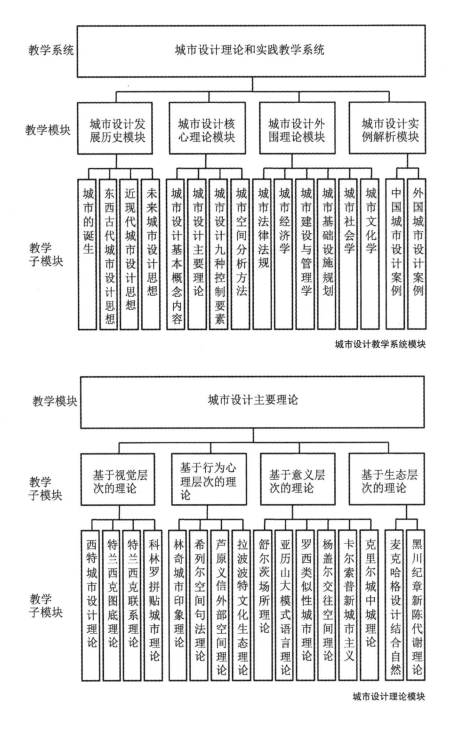

城市设计教学系统模块

城市设计理论模块

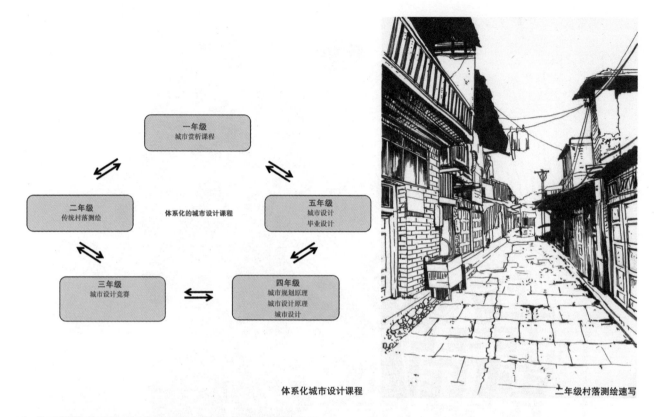

体系化城市设计课程   二年级村落测绘速写

2）基于模块化理论的城市设计理论与实践教学模式

（1）模块化的城市设计理论与实践教学课程

　　城市设计理论与实践课程是城市赏析课程的核心部分，其目的是让学生在较短的时间里了解城市设计的定义、发展历史、研究对象与范围、理论和方法等内容。为此，在授课中我们引入了模块化理论，对城市设计理论与实践课程进行了模块化处理。

　　模块是一种能够独立地完成特定功能的子系统，具备可重建、可再生、可扩充等特征。模块化是指把一个复杂的系统自顶向下逐层分解成若干模块，通过信息交换对子模块进行动态整合，各模块兼具独立性和整体性。城市设计理论教学体系中的各模块是教学整体系统的子系统，在具备独立性的同时，也要受整体系统的制约。[1]"教学模块"之间的联系遵循一定的规则，通过模块集中与分解可以生成无限复杂的系统，因此可以产生多种多样的理论与实践教学模型。"教学模块"具有可操作性，同时也具有有机生长性，可从子模块中归纳共同点并形成新的模块，还可以从子模块中分裂出若干新模块。在模块化理论的指导下，把原来复杂的教学内容整合成一个系统，各子模块之间相互渗透、共生共融，具有动态性。既可结合学校自身特点设置模块，形成特色化理论与实践教学体系，又可使模块化教学体系随着学科的发展而不断进化和完善。

---

[1] 廖启鹏．基于模块化理论的环境设计实践教学体系研究．艺术教育，2015，10.

北

二年级村落测绘图

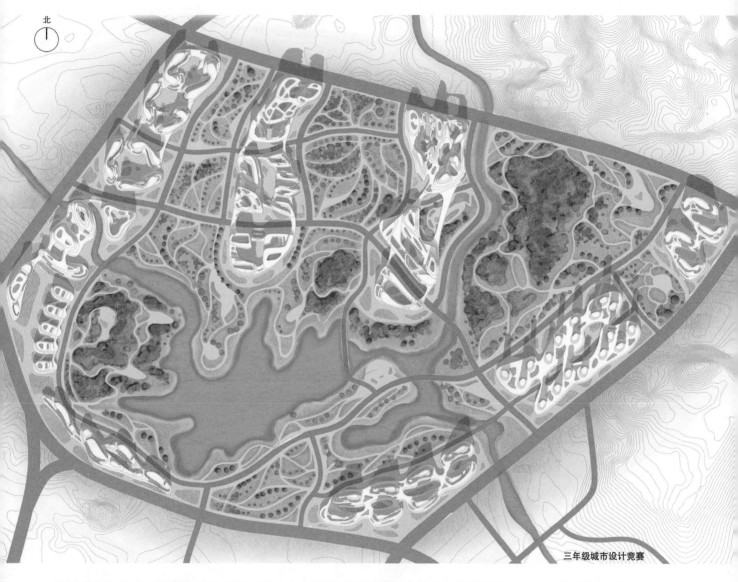

北

三年级城市设计竞赛

　　按照模块化理论，先将整个城市设计理论和实践教学系统分解为城市设计发展历史、城市设计核心理论、城市设计外围理论、城市设计实例解析教学四大模块，再按照这四个大模块去设计更多的相关子模块来构成整个实践教学系统。这些子模块根据需要可增、可减或更新、升级。

　　例如在城市设计发展历史模块中，包括城市的诞生、东西方古代城市设计思想、近代城市设计思想、当代城市设计思想和未来城市设计思想展望等内容。希望学生通过研究城市设计发展的历史，可以通过纷繁的城市表象，看到每一种城市设计观念和城市形态的出现都是一定历史时期社会生活发展的必然结果。

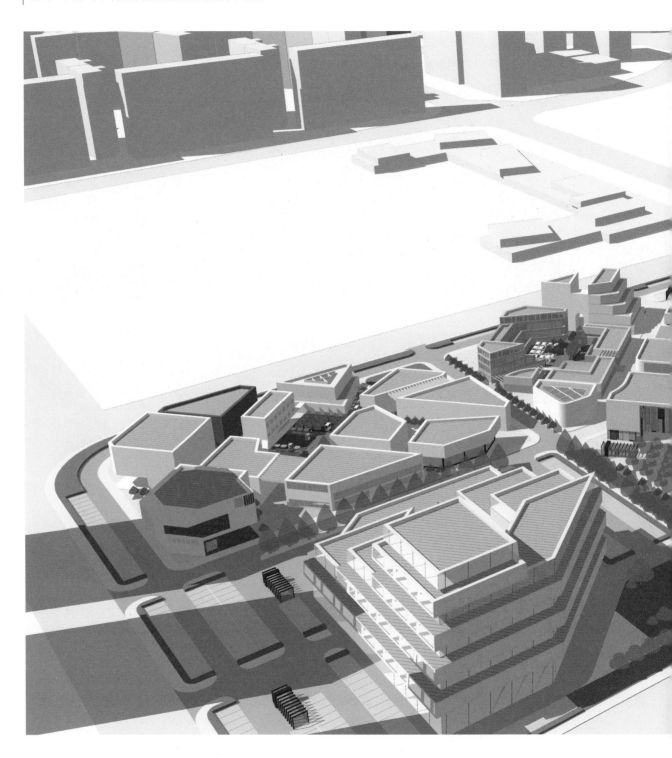

四年级城市设计

城市设计核心理论模块中，包括城市设计的基本概念及内容、层次、类型；城市设计的主要理论（基于视觉层次的理论、基于行为心理层次的理论和基于意义层次的理论）；城市设计的九种控制要素（土地利用、公共空间、步行街区、建筑形态、交通与停车、保护与改造、环境设施、城市标志、使用活动）；城市空间分析方法（图底、联系、场所三大理论）等内容。使学生能够树立人才是城市设计的出发点和归属点，城市设计是设计城市，而不是设计建筑的核心观念。城市设计外围理论模块中，包括与城市设计相关的城市法规、房地产经济、城市建设管理、政治、城市社会学、城市交通、城市文化等方面的知识介绍，努力建构学生整体系统的城市思维，跳出一做设计就只会玩形态狭隘的程式化设计模式，真正主动关注环境中人、自然、文化的相互关系。

城市设计实例解析教学模块中，以古今中外著名的城市设计实例为依托，分析其背景、原因与经验教训，总结设计方法，启发学生主动体验和分析自己生活或访问过的城市，以便今后可以将学到的理论合理运用到自己未来的设计中去。

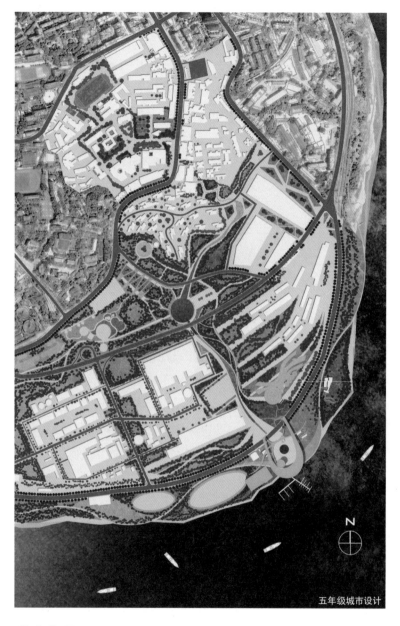

五年级城市设计

（2）体系化的城市设计课程

伊利尔·沙里宁 (Eliel Saarinen) 在他的《城市：它的发展、衰败与未来》一书中明确提出："一定要把城市设计精髓灌输到每个设计题目中去，让每一名学生学习，在城市集镇或乡村中，每一幢房屋都必然是其所在物质及精神环境的不可分割的一部分，并且应按这样的认识来研究和设计房屋，必须以这种精神来从事教育。"①

为此中央美术学院的城市设计教育横跨 5 个年级，从一年级的城市赏析开始经过二年级的传统村落测绘，三年级的设计竞赛，四年级的城市规划原理、城市设计原理、城市设计，到五年级的城市设计毕业设计结束，形成了从书本到体验，从理论到实践的完整城市设计教学体系。

综上所述，通过构建模块化的城市设计理论与实践教学体系，建立贯穿整个城市设计理论与实践教学的四大模块，可以使理论教学与实践教学、空间意识和系统意识相辅相成，快速提升学生的城市审美和设计能力，培养出符合社会需求的城市设计人才。

（苏勇）

学生作品：

烟袋斜街—茹逸 李尚霖 元德胜

望京体育广场—史冰洁 沈璐 王珊珊 彭佼 毕力格图

朱家胡同—钱慧彬

三年级城市设计竞赛—韩文乾 邹佳良 卓子舜

四年级城市设计—葛婧妍

① 伊利尔·沙里宁. 城市：它的发展、衰败与未来. 顾启源 译. 北京：中国建筑工业出版社, 1986.

3.1.2 阅读乡村：传统村落认知与测绘

课程时间：2周，共100课时
学生：本科二、三年级专业必修
课程负责人：王小红 教授等

福建嵩口镇鹤形路

"认知、测绘、规划"三位一体

　　传统村落认知与测绘是中央美术学院建筑学院本科专业的必修课程。结合中央美术学院传统"下乡"教学实践环节，经过10余年坚持不懈的教学探索，逐渐摸索出一套适于艺术院校建筑学、城市规划、风景园林专业的传统村落认知与测绘教学的方法和经验。其核心思想在于通过对建筑及其所在环境的认知、测绘和规划，培养学生感性结合理性，专业学习结合社会实践，动手结合思辨，体验结合分析的综合能力。

概括来说，中央美术学院建筑测绘课程特色主要包括以下几个方面：

1）搭建"多元化"教学团队

传统的古建筑测绘多以建筑为主要目标，任课教师团队也主要以建筑学方向的老师为主。而中央美术学院建筑学院传统村落认知与测绘课程秉承中央美术学院强调理论结合实践，宽基础、深方向的通才教育教学传统，从一开始就搭建了由来自不同专业方向（建筑学、城乡规划、景观设计和室内设计）教师构成的多元化教学团队。各专业教师不同的专业背景一方面可以帮助同学们从不同角度认知和解析传统民居及村落，另一方面也可以在教学过程中相互学习碰撞，培养同学们多元化的思维方式和相互合作的团队精神。

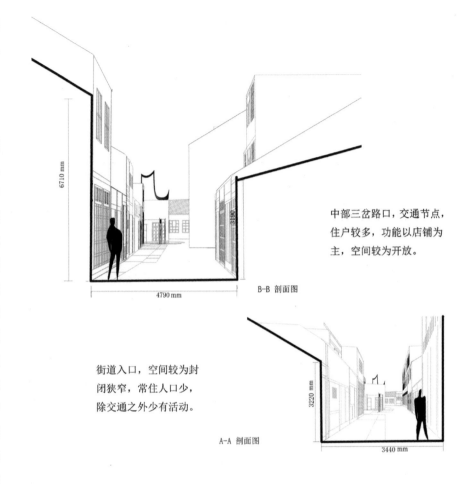

B-B 剖面图

中部三岔路口，交通节点，住户较多，功能以店铺为主，空间较为开放。

街道入口，空间较为封闭狭窄，常住人口少，除交通之外少有活动。

A-A 剖面图

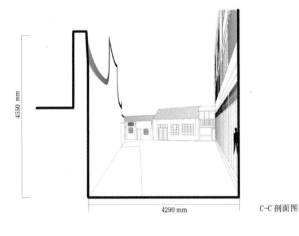

C-C 剖面图

街道末尾广场空间，作为交通节点，房屋常住人口多，空间开放，活动较多。

嵩口镇关帝庙街剖面分析图

嵩口镇关帝庙街场景速写

2）构建"认知、测绘、规划"三位一体教学方法

中央美术学院建筑学院基础教学以通才教育思想为特色，强调建筑、规划、园林相互联系的整体环境观，以基于人的"空间设计"为三者共同的教学思想。

（1）认知层面

首先通过实地考察传统民居和村落，观察村落文化历史和生活，形成对村落从宏观到微观的系统认识，培养学生观察及理解空间环境的认知能力；其次向当地乡村管理部门、村民了解和探讨关于传统村落（古镇）发展历史和形成机制问题，对村落环境、产业、空间、生活、民俗文化等方面进行全面深入的调研；以文字、图像方式收集记录传统文化、民俗等资料。

（2）测绘层面

通过对乡村自然环境、街道广场公共空间以及具有代表性的民居或祠堂等建筑的资料收集、测绘记录、整理分析，使学生从总体到单体逐层理性把握传统村落人居环境，了解村落和建筑的功能分区、平面组织、造型处理、景观规划、材料尺度等基本问题，从定量角度深化认知阶段获得的环境、空间、建筑感受，为在设计中创造空间打好基础。

（3）规划层面

通过对村落和建筑的定性感受、定量分析之后，鼓励学生从村落和建筑存在的问题出发，思考从振兴乡村角度如何传承和改善传统村落的公共空间和居住空间，完成假题真做的规划课题训练。

这种"认知、测绘、规划"三位一体的教学方法将感性认识和理性分析，理论学习和实践验证整合为一体，突破以往测绘课程单纯以记录和建筑学习为目的的教学目标，使学生初步建立起建筑、规划、景观相互整合的环境观，培养学生热爱中国传统文化，深入生活，服务社会，振兴乡村的创作意识，也使传统村落认知与测绘课程和二年级开设的中国建筑史、外国建筑史、制图基础、建筑速写、建筑与室内设计以及三年级开设的建筑设计技术基础和建筑设计等课程联系起来，让学生在测绘过程中综合运用已学的知识和技能得到强化训练，并加强对这些课程及课程群间关系的理解。

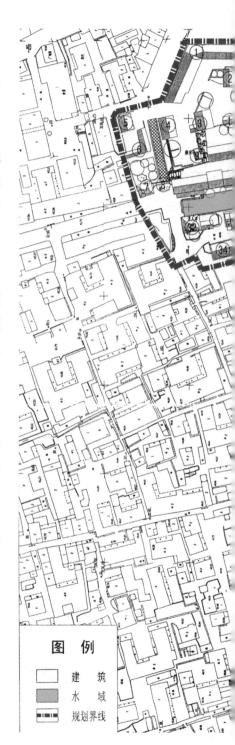

图　例

□　建　筑
■　水　域
▭▬▭　规划界线

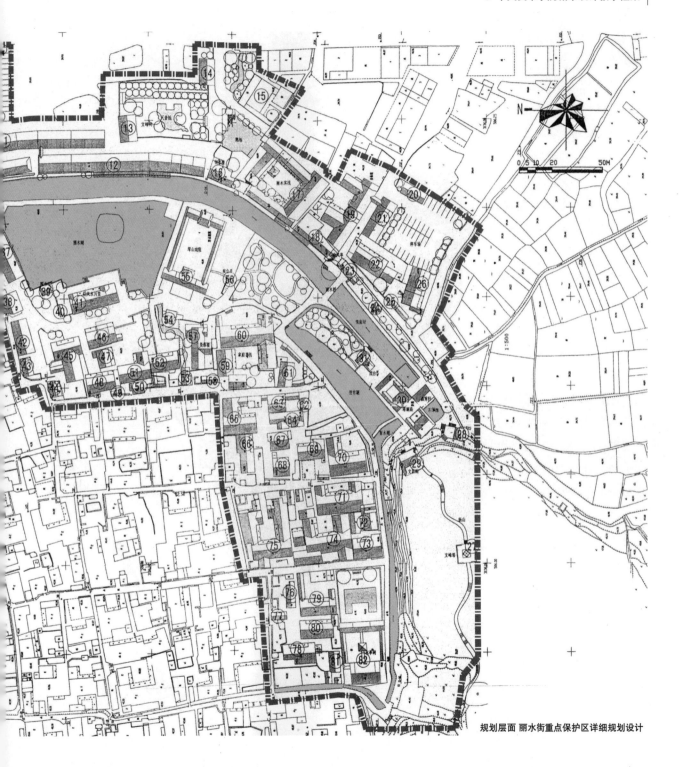

规划层面 丽水街重点保护区详细规划设计

3）引入"人文与技术并重"
的教学手段

　　传统村落空间是一个复杂的空间系统，要真正准确掌握其形成规律，就需要超越空间、肌理、尺度等形而下层次，进入人文、行为、交往等形而上问题的综合性研究与探讨。为此，我们在传统村落认知与测绘课程中引入社会学、生态学、建筑人类学、建筑现象学等知识和理论的学习与研讨，充分发挥学生的个人特长与主观能动性，使学生对乡村有更深的认识，激发学生研究乡村问题的兴趣，在认识提升的基础上完成对建筑与乡村实践的深入，达到对设计理解和设计能力的双重升华。此外，考虑到艺术院校设计专业的学生数学基础较为薄弱，也没有系统学习过测量学理论的实际情况。我们摸索出绘与测并举、量与画结合的方式，通过引入全景拍摄、无人机航拍等新技术提高了学习效率和成果质量。概括来说，近几年引入的测绘新技术包括以下几个内容：

嵩口镇总平面图

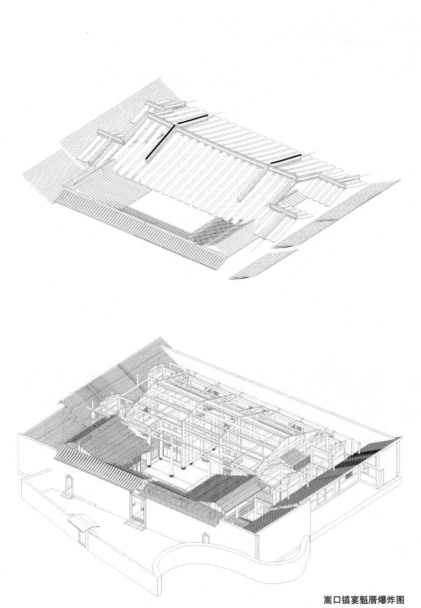

嵩口镇宴魁厝爆炸图

（1）数字三维重建

利用绘图软件对传统村落和民居整体空间进行三维重建，以三维几何构成关系分析外部空间，以及外部半公共空间、公共空间如何对民居进行组织联系。

（2）全景拍摄与编程技术

考虑到传统村落空间的复杂性和多样性，仅仅依靠数字三维重建，不足以客观和全面地反映真实的传统村落空间，为此在测绘中我们使用目前非常先进的720°全景拍摄扫描技术与三维重建的场景模型进行整合，通过将照片直接合成逼真的三维场景模型，可以极大地提高测绘的精度和效率，并且减少了二次测绘往返现场的几率。

将三维全景视频进行合成处理之后，通过提取相机镜头信息，可以对每一帧的全景视频进行分析，并且进行逆向计算，在查看三维全景视频的同时，能够对传统村落空间和民居的每个部分进行测绘记录，这对于传统村落和民居的研究，提供了一种省时省力又能够保证资料完整准确的新方法。

（3）无人机航拍测绘

通过操纵无人机升高到不同高度进行拍摄可以获得鸟瞰视角。相比以

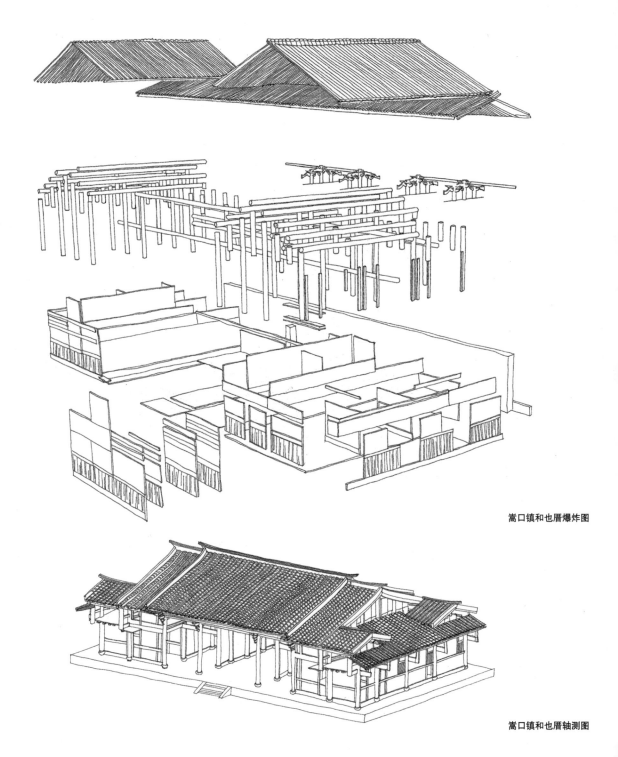

嵩口镇和也厝爆炸图

嵩口镇和也厝轴测图

往只能在建筑或者村庄附近选取制高点摄影的手段相比，可以更加直观和准确地观察并测绘传统民居建筑的屋顶结构，获取古村落（古镇）区域的建筑场地关系、街区关系、植被覆盖，等等重要的客观元素。

除了静态照片外，现代民用无人机可以拍摄 4K 分辨率影片，还可以快速准确地合成 360° 全景照片以及三维模型。

4）促进"向社会转化"教学成果

一般传统的村落认知与测绘成果主要以空间和建筑等看得见的物质文化遗产为主。近年来，中央美术学院建筑学院村落认知与测绘课程强调了对非物质文化遗产的观察与挖掘。主要包括两类：一类是民间传统手工技艺，如竹编、藤编、瓷器、传统食品制作等；另一类是传统建筑营建技术。

学生在指导老师的带领下，将该地区传统手工艺进行调研分类，并通过绘画和拍摄的手段进行记录，更有学生当场拜师学习。在深入了解传统手工艺的情况之后，在传统的技艺和手法之上，融入当代设计思维进行再设计，提升手工艺产品的艺术价值。选取乡村手工艺的设计元素，融于现代产品设计之中，使传统元素能够在现代设计中得以传承。

结合传统村落认知、测绘记录保存传统营建口诀，探讨民居营造法之应用以及加以改造使其适应现代生活需要之借鉴运用，对民居的保护、改造、继承与发展有着积极的意义。

这些年从浙南楠溪江古村落到安徽皖南西递宏村，从广东汕头凤岗再到福建福州嵩口，我们的成果不断累积、课程体系越发完备，不仅在教学上对学生大有裨益，课程成果向社会成功转化，也在社会上造成了很好的反响。

5）结语

十余年的不懈探索，中央美术学院建筑学院传统村落认知与测绘课程通过搭建"多元化"教学团队、构建"认知、测绘、规划"三位一体教学方法、引入"人文与技术并重"的教学手段、促进"向社会转化"教学成果等教学理念和方法，完成了大量优秀传统村落和建筑的数字化记录和保护建议工作，在理论与实践相结合的人才培养工作中发挥了不可替代的重要作用，成为中央美术学院建筑学院实践教学的重要组成部分。

（苏勇）

学生作品：

嵩口镇关帝庙街测绘—周聪 史皓月 谢雨帆 安舒

嵩口镇宴魁厝测绘—骆驿 张琳 赵心怡 朱若晗

嵩口镇和也厝测绘—刘一帆 许怡乐 夏亚琴 谢秉含 郭晓婧 王若飞 廉景森 赵宇

3.2 理论提升

3.2.1　以史为鉴：中外城市建设及发展史

课程时间：8周，每周3课时，共24课时
学生：本科三年级建筑学专业城市设计方向、风景园林专业必修；研究生一年级选修、补修
课程负责人：苏勇 副教授

文化、换位、体验、重构

1）问题

中华人民共和国成立之后，建筑学、城市规划等专业被划归到工学学科体系下，其应用型学科的定位导致了上述专业的教育体系偏重于工程技术型人才的培养。这种按照工程师思维模式进行的教学，具有条理清晰、简单易懂的优点，但在教学中我们也发现存在以下两方面主要问题：

（1）重物质轻文化

由于教育的目标在于工程和应用，导致在教学内容上往往过于侧重介绍各个时期典型城市物质形态的建设状况，既缺乏对城市建设所处时代社会经济背景的交代，又缺乏对于城市同期的相关经济、政治制度的沿革及变迁的探讨，以及对城市人文社会风貌的剖析，使教学内容变成只见城市不见生活的"无人化"城市形态史，以及断断续续的城市建设案例介绍。

（2）重书本轻体验

由于《中外城建史》时间跨越几千年，地域跨越五大洲，它所涉及的各个地区和时期的代表性城市众多，在有限的课时限定下，目前的教学只能侧重书本介绍，很难进行实地考察，缺乏在场的体验教育，使学生学习的成果往往停留在死记硬背的平面总图和枯燥数据，与城市建设紧密相关的生活被忽视。

（3）重罗列轻对比

由于目前缺乏《中外城建史》整合的教材，因此在教学中普遍只能按照中国城建史和外国城建史的顺序进行教学，而教学的重点又往往放在介绍各个时期重点的几个代表性城市。这种跳跃式的教育必然导致缺乏对同时期中外城市的形态和建设情况进行对比研究，其教育的结果就是内容庞杂和简单罗列，各城市之间缺乏内在的有机联系，容易给学生以机械拼凑之感，留下的印象是割裂的空间、拼贴的历史。

以上问题的存在，使《中外城建史》的教学容易陷入面面俱到但内容粗浅的困境，很难激发学生们的学习热情。因此，需要从教学内容、教学方法及教学理论体系构建等方面进行有效的教学改革。

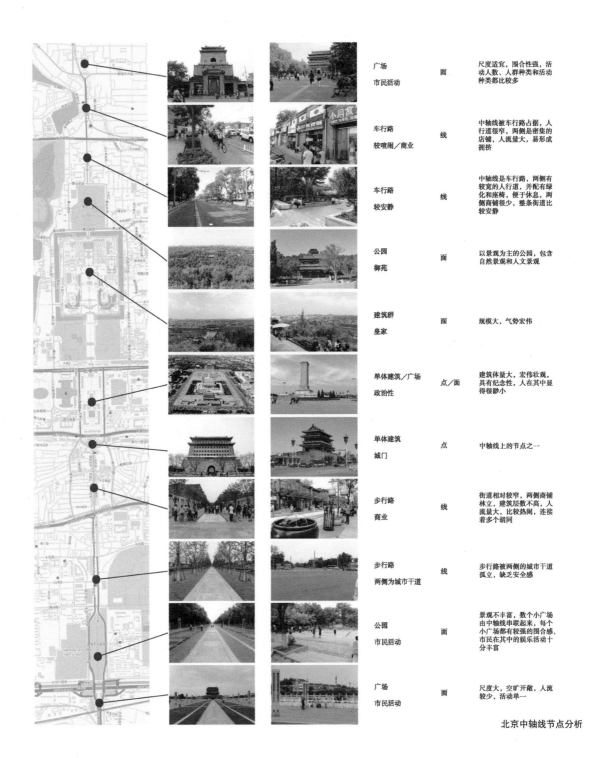

北京中轴线节点分析

前门大街

2）方法——文化、换位、体验、重构

（1）文化切入——从表象到内涵

　　"城市是人类社会物质文明和精神文明的结晶，也是一种文化现象。"[1]对《中外城建史》教学而言，它的主要研究对象城市形态往往是当时的社会制度与思想文化背景的物质反映，兼具物质和观念两个属性。为此，我们尝试《中外城建史》的教学从城市的本质内涵——文化入手，这样既能抓住城市的核心本质，又能在内容庞杂的中外城建史各部分内容之间建立起内在和有效的关联性，进而串联起各个时代不同地域的城市和区域的发展历程与现状，最终激发学生主动探究城市发生和发展的一般规律与特殊表现的兴趣，既有利于学生掌握本课程所要求的基本内容，又有利于学生理解和熟知相关的人文知识，进一步与哲学、文学、艺术等领域触类旁通，举一反三。可见，《中外城建史》的教学如果从文化的层面切入，就能起到事半功倍的作用。[2]

① 董鉴泓 主编 . 中国古代城市二十讲 . 北京：中国建筑工业出版社 ,2009，4.
② 向岚麟 王静文 .《中外城市建设及发展史》教学改革的文化路径 . 规划师 ,2014，11.

紫禁城

（2）换位思考——从记忆到思辨

　　对《中外城建史》教学而言，中外城建史所涉及的教学内容时间、地域跨度很大，所涉及的各个时期、各个区域的代表性城市其规划思想和建设情况内容繁多，如何避免学生陷入死记硬背、脱离实际这种知行分离的怪圈，是我们在城建史教学中思考的另一个重要问题。

　　为激发同学们主动学习的热情，我们在授课之初与之间都十分强调学生要学会"设身处地""换位思考"。即要求学生用"换位思考"的方法"设身处地"地思索古人在城市建设的过程中为何这么选择？当自己面临同样的环境时会如何作出抉择？这种学习历史的方法，把主观融入客观，重视的不是历史的"记忆"，而是历史的"思辨"。从"史"到"论"的转变有效地激发起学生超越史实，探究其表面下诸多原因的学习兴趣和动力。

北京钟楼

（3）真实体验——从书本到城市

　　文化是城市的本体。城市文化有两个层面，一是物质层面，二是观念层面。物质层面的城市文化包括市场、街道、坊巷、广场和宫殿等场所空间，具有直观性；观念层面的文化着重指"体现于象征符号中的意义模式"，是由"象征符号表达的传承概念体系，人们以此达到沟通、延存和发展其对生活的知识和态度"。通常包括空间使用规范、城市的布局结构和规则制度等。

　　从知行合一角度讲，通过书本了解的观念文化只有通过对物质层面文化的真实体验才能够被真正掌握。因此，我们在课堂教学的基础上特别从宏观和微观角度增加了两种城市体验课程。

钟鼓楼

a. 宏大叙事的体验——"穿越 7.8，步行体验中轴线"

　　自上而下的宏大叙事始终是中国传统城市建设的主流，为了使同学们从规划者角度了解物质和观念层面的这种中国传统城市规划思想，我们设计了"穿越 7.8，步行体验中轴线"的教学活动。穿越活动选择"全世界最长，也最伟大的南北中轴线"——北京中轴线，南起外城永定门，经内城正阳门、中华门、天安门、端门、午门、太和门，穿过太和殿、中和殿、保和殿、乾清宫、坤宁宫、神武门，越过万岁山万春亭、寿皇殿、鼓楼，直抵钟楼的中心点。这条中轴线连着四重城，即外城、内城、皇城和紫禁城，全长约 7.8 公里。为实践"设身处地""换位思考"的教学理念，我们假设自己回到明清时代，以步行方式进行穿越体验，在穿越活动中，师生们边走边讲解，在真实的空间体验中讲解和探讨中国传统城市规划思想的要点，并与现代城市规划思想进行对比。[1] 在穿越活动完成后，我们要求同学们根据自己的亲身体验，用文字和照片方式完成作业 1："穿越 7.8，步行体验中轴线"体验报告。

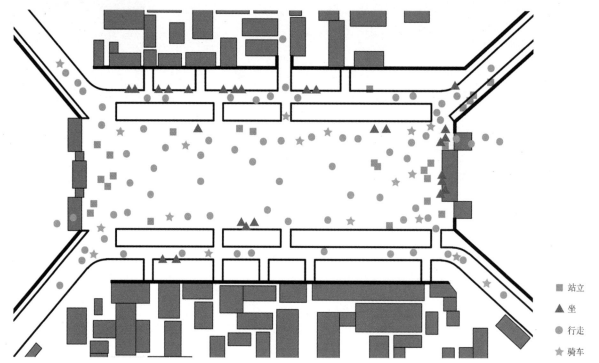

■ 站立
▲ 坐
● 行走
★ 骑车

钟鼓楼文化广场行为分析

① 李允鉌著. 华夏意匠. 天津：天津大学出版社，2005，5.

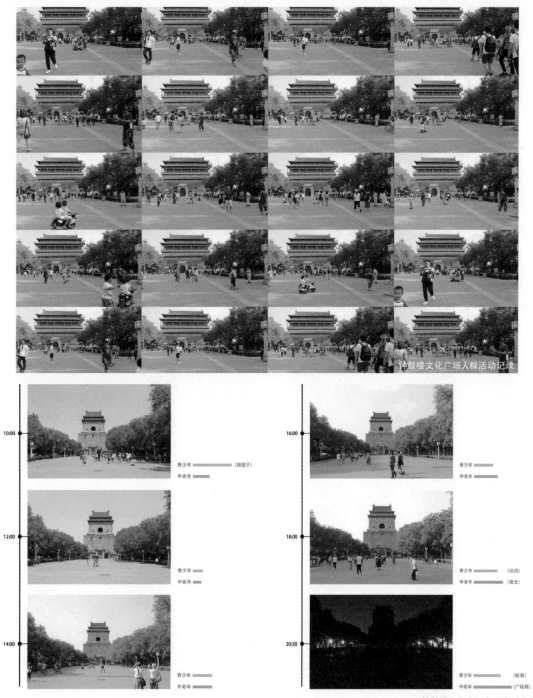

钟鼓楼文化广场人群活动记录

钟鼓楼文化广场人群类型变化

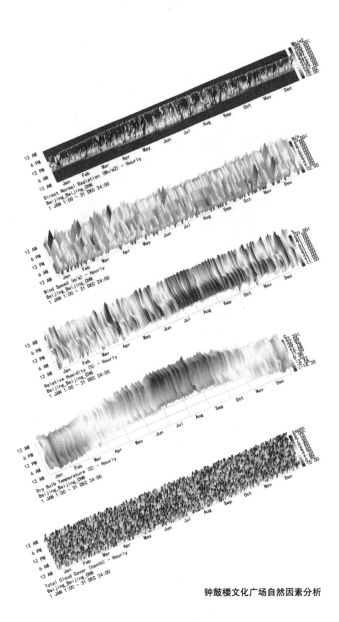

钟鼓楼文化广场自然因素分析

b. 微观叙事的体验——"城市公共空间使用调查"

要真正了解一个城市，仅仅从宏大叙事的规划者角度理解还远远不够，因为作为城市使用者的老百姓的体验是微观的、局部的，所以，要评价一个城市建设的好坏，我们还应从微观叙事角度，让同学们以"换位思考"的方式，变身一个使用者，以使用者的视角去体验微观层面的城市规划思想。

为此，我们在这一教学环节中，会让学生根据自己的兴趣选择一处城市公共空间进行使用状况调查分析，分析的方法包括非参与式的客观观察（包括现场勘踏、拍照、行为轨迹图、定点观测记录、数据统计分析），以及参与式的主观访谈、问卷调查等。通过汇总以上主观、客观的记录数据，绘出各种数据分析图，根据性别、年龄、活动类型等进行使用人数的比较。然后确定出哪些是影响公共空间使用的重要因素。数据分析图和汇总后的公共空间使用图可以让人很快地了解到整个公共空间的使用情况，并使复杂的观察结果更易于让研究者和读者理解。[1]最后将上述成果整理成作业2：城市公共空间使用调查报告，作为我们微观叙事体验课程的作业。

（4）空间重构——从理论到实践

理论结合实践是学习的有效方法。要深刻掌握所学原理，就不能只停留在观察层面的学习，还要将原理运用在设计实践中，通过实践来验证理论。为此，在课程作业中我们要求同学们根据真实体验阶段完成的城市公共空间使用调查报告，对自己选择观察的城市公共空间进行空间重构设计，形成作业3："北京中轴线城市公共空间重构"设计方案。

① 克莱尔·库珀·马库斯 卡罗琳·弗朗西斯.人性场所.俞孔坚 孙鹏 王志芳 译.北京：中国建筑工业出版社，2001.

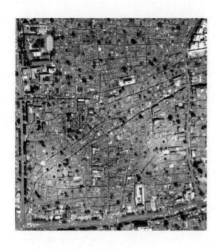

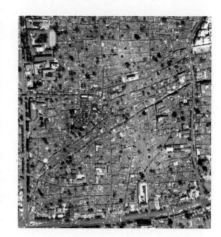

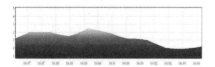
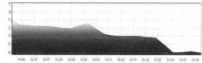
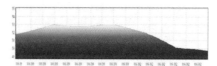

人群热力图分析

3）展望

刘易斯·芒福德认为"城市的主要功能是化力为形，化能量为文化，化死的东西为活的艺术形象，化生物的繁衍为社会创造力。"[1] "城市史就是文明史，城市凝聚了文明的力量与文化，保存了社会遗产。城市的建筑和形态规划、建筑的穹顶和塔楼、宽广的大街和庭院，都表达了人类的各种概念。"[2]他深刻指出了城市文化兼具物质和精神的双重属性。

因此，《中外城建史》教学的切入点就应该从过去侧重于史料的介绍上升到重点探讨城市文化和当时当地人的需求，并且在教学中强调"设身处地""换位思考""学以致用"的体验教学，如此就可以在中外城市发展复杂的表象下找到隐藏的共同发展规律，将原本庞杂枯燥的书本知识系统化、逻辑化、立体化，使学生主动将中外、前后城市建设的思想和实例进行对比和贯通，从而大大提高学生的学习兴趣和积极性。

（苏勇）

学生作品：

钟鼓楼文化广场空间重构—宋颖 郭怡欣 廉景森 汤铠纶

① 刘易斯·芒福德.城市发展史.宋俊岭 倪文彦 译.北京：中国建筑工业出版社，2005，2.
② 刘易斯·芒福德.城市文化.宋俊岭 李翔宁 周鸣浩 译.北京：中国建筑工业出版社，2009.

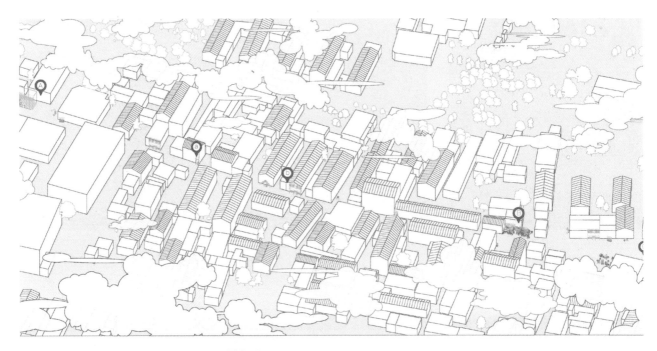

公共空间重构设计

3.2.2 总体把握：城市规划原理

课程时间：8 周，每周 3 课时，共 24 课时
学生：本科四年级建筑学专业（含城市设计方向）、风景园林专业必修；研究生一年级选修、补修
课程负责人：虞大鹏 教授

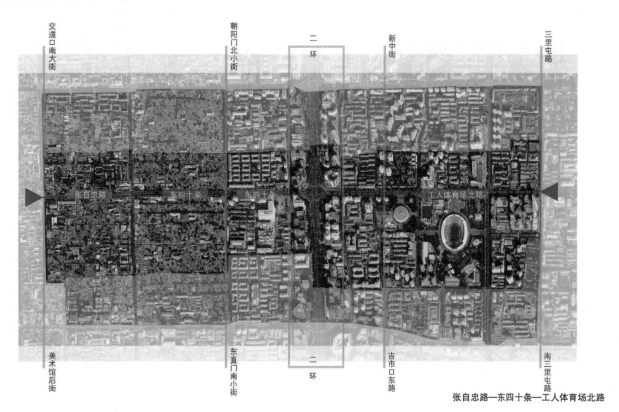

张自忠路—东四十条—工人体育场北路

城市，让生活更美好　Better City, Better Life.
城市，让生活更糟糕?　Better City, Worse Life?

　　城市，自从诞生，就开始出现各种城市问题。城市的问题，不是一个个建筑单体以及这些单体如何组合的问题，是一个庞大繁杂、变幻莫测、难以掌控的巨大问题系统。城市的问题，是空间、社会以及人之间相互作用、相互影响的复杂网络系统。因此，研究城市，几近于研究整个人类。只有怀着对城市的敬畏，从更广的角度出发来研究、体验、分析城市，才更有助于解决城市的问题，解决空间、社会与人之间的问题。城市规划原理，就是一门提供解决城市问题思路与工具的课程。

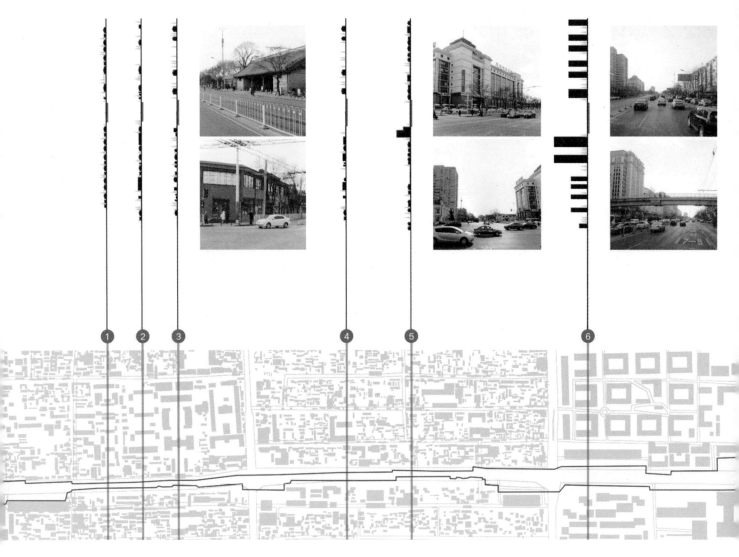

　　城市规划原理是一门内容庞杂、结构宏大的课程，也是目前我国建筑学、城乡规划专业必修专业课程。以中国建筑工业出版社所出版的经典版《城市规划原理》为例（目前已经修订、更新到第四版①）：书中系统地阐述了城乡规划的基本原理、规划设计的原则和方法，以及规划设计的经济问题。主要内容分22章叙述，包括城市与城市化、城市规划思想发展、城市规划体制、城市规划的价值观、生态与环境、经济与产业、人口与社会、历史与文化、技术与信息、城市规划的类型与编制内容、城市用地分类及其适用性评价、城乡区域规划、总体规划、控制性详细规划、城市交通与道路系统、城市生态与环境规划、城市工程系统规划、城乡住区规划、城市设计、城市遗产保护与城市复兴、城市开发规划、城市规划管理。

①吴志强 李德华 主编.城市规划原理.北京：中国建筑工业出版社，2010，9.

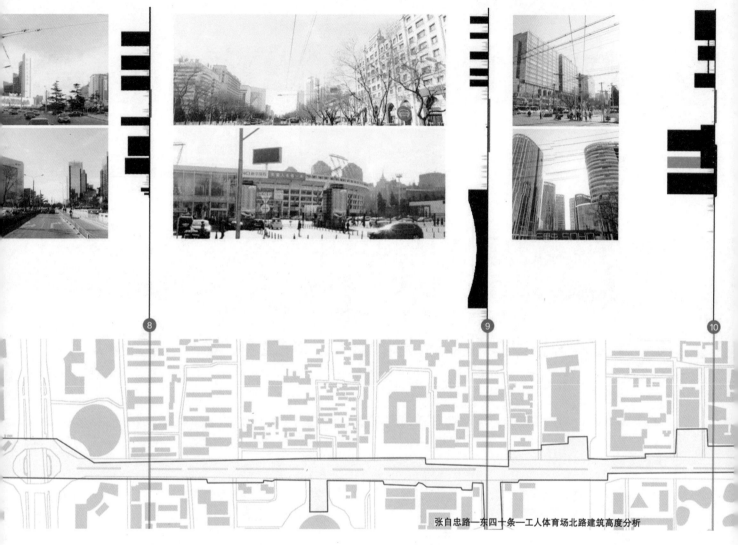

张自忠路—东四十条—工人体育场北路建筑高度分析

　　中央美术学院目前设有城乡规划一级硕士点，但尚未开设城乡规划专业本科，只是在建筑学专业本科内设置了城市设计方向以完善城市系列教学并为未来开设城乡规划本科专业做准备。基于学科背景和学时的限制，中央美术学院的城市规划原理课程基本上以系列主题讲座的面貌呈现，主要包括城市概论、城市发展简史、城市化、城市规划思想演变、居住区规划设计原理、城市交通与道路系统、城市用地分类及选择、城市遗产及更新等内容。

　　理论课程一般都比较枯燥，为了取得更好的教学效果，中央美术学院城市规划原理课程采取了讲述、影像、观察、体验以及再表达相结合的教学方式。

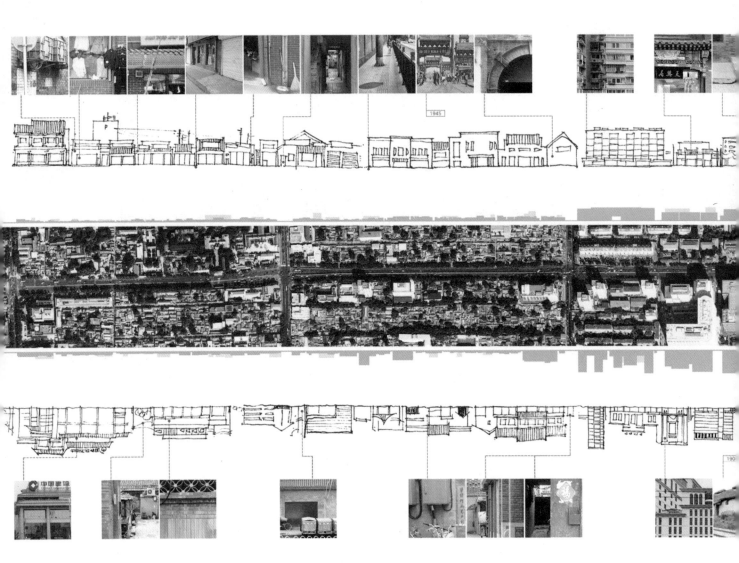

1）叙事性讲述

任何课程的讲授都不是容易的事情，合理的讲述方式应针对授课对象进行精心设计，在课程内容相对枯燥的前提下，如何讲述就显得尤为重要。以城市概论部分内容为例，在讲述城市的产生、发展之外，插入近现代著名建筑师如勒·柯布西耶（Le Corbusier）、弗兰克·劳埃德·赖特（Frank Lloyd Wright）、埃利尔·沙里宁（Eliel

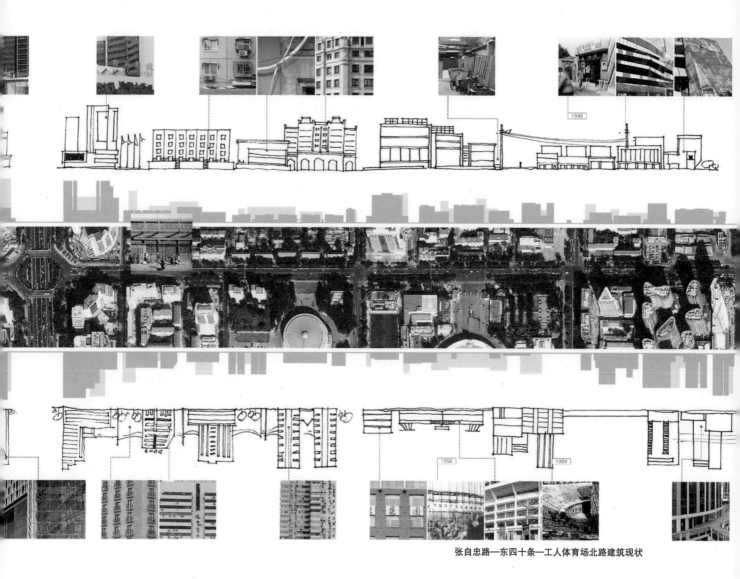

张自忠路—东四十条—工人体育场北路建筑现状

Saarinen）等对于城市规划的思考和研究以及为什么这些大师会把目光转向城市。

在这个基础上，大师们对城市问题的思考，对解决问题方案的思考以及截然不同的思考方式，都给学生留下比较深刻的印象并启发相应的思考。在此基础上，结合讲述柯布西耶的光辉城市思想和明日城市思索便可顺利过渡到城市规划思想变迁部分，对于《雅典宪章》提出的城市四大基本功能会有清晰的思想脉络认识。

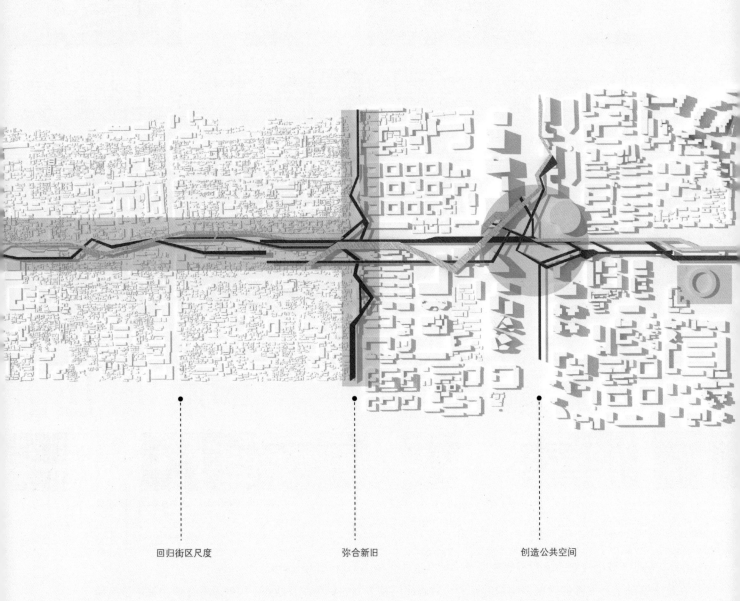

回归街区尺度　　　　　　　弥合新旧　　　　　　　创造公共空间

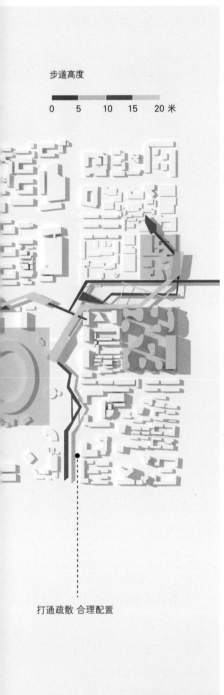

步道高度

0　5　10　15　20 米

打通疏散 合理配置

东四空间重构平面图

东四空间重构鸟瞰图

　　结合著名建筑师的作品、理念对分散主义和集中主义两种截然不同城市规划思想的讲述可以使学生认识到城市问题的复杂性以及解决城市问题的巨大困难。此外，在此基础上对比而言，学生可以认识到社会学、经济学对城市的思考显然更有贡献，物质性空间规划已经不再是城市规划的核心问题。

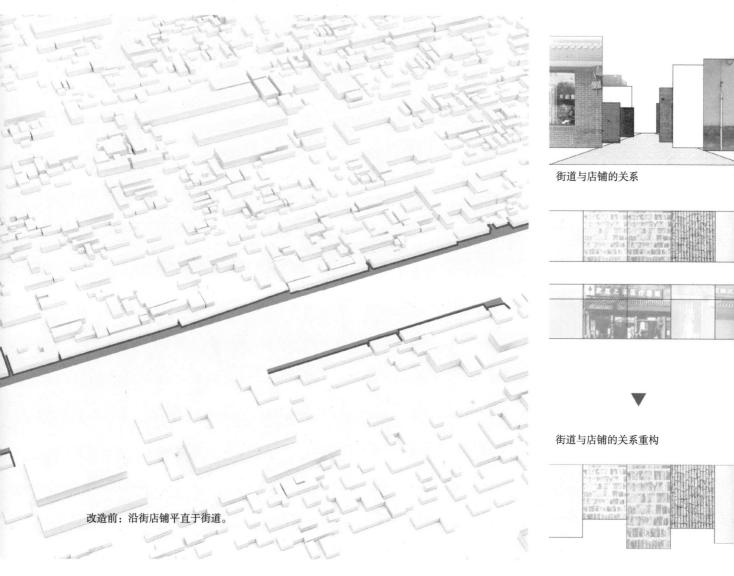

街道与店铺的关系

▼

街道与店铺的关系重构

改造前：沿街店铺平直于街道。

2）影像化思考

作为中国综合实力最强的美术类艺术大学，中央美术学院在视觉艺术的创造方面引领全国，图像、影像在教学中发挥着重要的作用。

作为相对枯燥的理论课程，中央美术学院城市规划原理课程在不同阶段引入主题性影像教学，对于课程的进程、概念的理解起到巨大的作用。

在讲述城市化部分时，通过放映英国导演盖里·哈斯威特（Gary Hustwit）

改造后：将沿街店铺前后错开，适当开放巷道、内院等区域，为行人制造道路节点。

东四空间重构—增加道路空间节奏感

设计纪录片三部曲之一：城市化 Urbanized (2011) 等影片帮助学生认识城市化的概念、实质以及对于城市发展变化的影响。目前有一半以上的世界人口居住在城市，预计到 2050 年将有 75％ 的世界人口居住在城市中。影片通过采访世界上最著名的建筑师、规划者、决策者、建设者等来探讨在城市设计背后的住房、流动人口、公共设施、经济发展和环境保护等诸多问题，影片内容丰富而且深刻，极大地引起学生对于城市发展问题的兴趣。

视线区域

可视范围

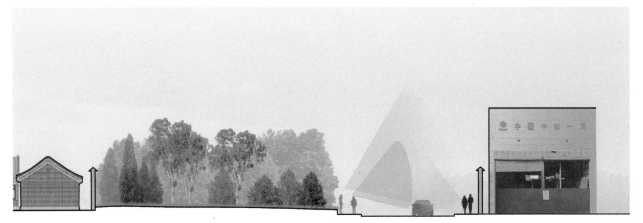

正阳门—永定门空间视线分析

　　在讲述城市遗产及更新部分时，通过放映中国导演陈凯歌的《百花深处》，帮助学生深入认识城市历史人文对于一个城市的重要性，引发学生对于城市遗产与更新的深入思索，帮助学生认识到"城市和人一样，也有记忆，因为它有完整的生命历史。从胚胎、童年、兴旺的青年到成熟的今天——这个丰富、多磨而独特的过程全都默默地记忆在它巨大的城市肌体里。一代代人创造了它之后纷纷离去，却把记忆留在了城市中。承载这些记忆的既有物质的遗产，也有口头非物质的遗产。城市的最大的物质性遗产是一座座建筑物，还有成片的历史街区、遗址、老街、老字号、名人故居，等等。地名也是一种遗产。它们纵向地记忆着城市的史脉与传衍，横向地展示着它宽广而深厚的阅历。并在这纵横之间交织出每个城市独有的个性与身份。我们总说要打造城市的'名片'，其实最响亮和夺目的'名片'就是城市历史人文的特征。"[1]

① 冯骥才. 城市也要有记忆. 新民周刊，2004.

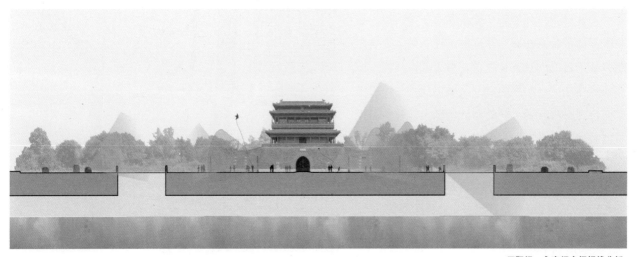

正阳门—永定门空间视线分析

3）路上观察介入

意大利当代作家伊塔洛·卡尔维诺（Italo Calvino）在《看不见的城市》[①]里用古代使者的口吻对城市进行了现代性的描述。连绵的城市无限地扩张，城市规模远远超出了人类的感受能力，这样的城市已经成为一个无法控制的怪物了。这就是后工业社会中异化了的城市状态，而这种状况会一直恶性循环下去。

城市太复杂，尤其对于中国城市，随着近 30 多年来城市规模的急剧扩张，城市的空间、城市中人的行为、生活节奏、人际关系等都发生了巨大的变化，要怎样去认识自己身边的城市？怎样去理解城市规划？对于缺少生活经验和实践经验的学生而言有一定的困难。

① 伊塔洛·卡尔维诺. 看不见的城市. 张宓 译. 译林出版社，2006，8.

中央美术学院城市规划原理课程在设置之初就认识到这个问题并在课程中进行了针对性的安排：观察城市现象，发现城市问题，思考解决办法。通过对身边城市空间和人们行为的观察、思考，逐步放大视野，理解建筑之外的一些东西。在过去的十年间，课程有针对城市公共空间（广场、街道）的深入观察、研究和解析；也有对城市现象的发现和思考（重新发现北京），比如对于北京 24 小时商业活动的观察；此外，最近几年着眼于城市存量发展时代对于环境品质的提升要求，针对步行环境的"徒步北京"等内容。这些内容都是希望在课堂原理性讲述基础上，学生能够基于自己的观察和思考，对于城市环境、城市问题建立自己的理解以及从城市规划角度思考如何合理解决问题，同时在此基础上能够对城市规划原理产生更深入的理解。

（虞大鹏）

学生作品：

行走东四空间重构—吴雅哲 洪梅莹 赵潇潇 刘思婷

徒步京城—刘欣 侯百慧 韩钰 黄雨曼 刘亦安

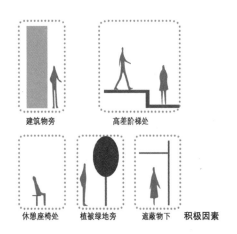

建筑物旁　　高差阶梯处

休憩座椅处　植被绿地旁　遮蔽物下　积极因素

积极空间　　　　消极空间　正阳门—永定门空间积极性与消极性分析

3.2.3 方向深入：城市设计原理

课程时间：8 周，每周 3 课时，共 24 课时

学生：本科四年级建筑学专业（含城市设计方向）、风景园林专业必修；研究生二年级选修、补修

课程负责人：何崴 副教授

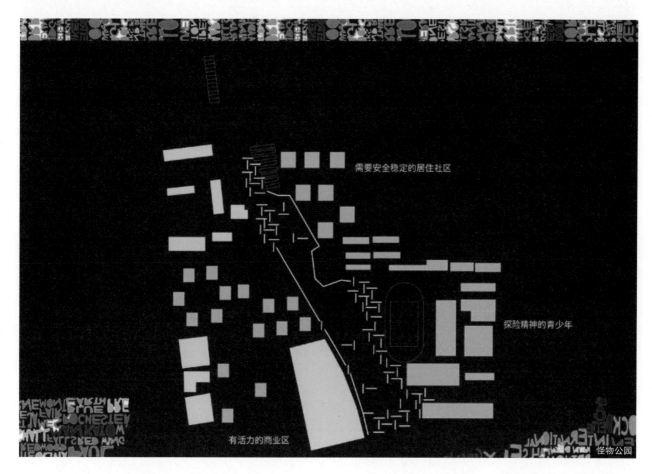

需要安全稳定的居住社区

探险精神的青少年

有活力的商业区

怪物公园

　　中央美术学院建筑学院很早就重视城市设计（Urban Design）相关课程的教授。《城市设计原理》这一课程也有较长的历史：课程始于新千年之始，当时因为学院教师不足，由合作办学的北京建筑设计研究院的王鹏博士代为授课，已经取得了相当的成效；2007 年，随着中央美术学院建筑学院教学目标的明确，并逐渐进入建筑学和城乡规划学的评估体系内，且学院师资的补充，《城市设计原理》课程也相应的进行了调整，改为本院老师——何崴副教授。至今已经 11 个年头，也逐渐形成具有美术学院内的建筑学院特色的城市设计理论课程。

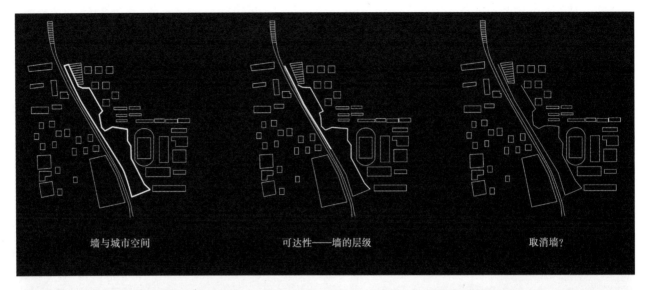

墙与城市空间　　　　　可达性——墙的层级　　　　　取消墙？

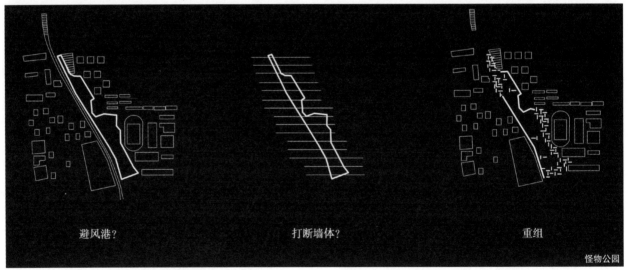

避风港？　　　　　打断墙体？　　　　　重组

怪物公园

1）总体思路：从 urban 到 city 的转变

　　正如东南大学王建国教授所说，"与城市规划和建筑学类似，城市设计兼具工程科学和人文社会学科的特征，且研究描述的对象复杂而宏大，……城市设计要和社会与人的活动相关，多以三维物质空间形态为研究对象，其技术特征是整合城市空间环境建设和优化各种相关的要素系统"[1]可见，城市设计涉及的范畴相当广泛，科学、人文、社会、经济、艺术等，都是与城市设计相关的内容，而好的城市设计必然是对此上这些学科和问题的系统运用和机智解答，也必然是有思想，有灵魂的，它应有助于城市场所性和特色的塑造。[2]

① 王建国 主编 . 城市设计 . 中国建筑工业出版社，2009.

② 吴志强 李德华 主编 . 城市规划原理 . 北京：中国建筑工业出版社，2010，9.

　　长期以来，中国的建筑与城乡规划和设计教育更倾向于工程科学的讲授。这源自于 20 世纪 50 年代中国大学学科的调整，建筑学和城乡规划学被划归工科院校的范畴内，长期的专才教育思路使我们大多数时候都把建筑和城市问题归结为技术问题，工程问题，很少从文化、精神和艺术的层面去思考它。这其实是有问题的，正如城市研究的大家刘易斯·芒福德（Lewis Mumford）所说"如果我们仅只研究集结在城墙范围以内的那些永久性建筑物，那么我们就还根本没有涉及到城市的本质问题。"①

① 刘易斯 · 芒福德 . 城市发展史，起源、演变和前景 . 倪文彦 宋俊岭 译 . 中国建筑工业出版社，1989.

怪物公园

　　中央美术学院建筑学院在回复建筑专业之始就制定了"培养具有艺术家素质的建筑师"的目标；城乡规划专业也从某种角度上依循着这一总体目标，但也有学科自身的特点。因此，在讲授《城市设计原理》课程的时候，任课老师就希望在借鉴传统老校相关教学的基础上，从美院的自身特点出发，从美院学生的特点出发，从更为广泛的视角，更具人文关怀的思维出发，来引导学生观察、思考城市问题。

怪物公园

在教学中，我们希望回归城市的本源，来讨论城市设计问题。在中央美术学院《城市设计原理》课程中的"城市"更倾向于英文中的"City"，而不是"Urban"。在英文中，City一词和"文明"（Civilization）是同源的，都来自拉丁文的"Civils"，即城市、国家、公民的意思①，而Urban一词最早是指由墙保护的范围，更倾向于城市的物质性表达，可见City一词更具有文化和社会学的属性，也更接近芒福德所说的城市的本质问题。

既然是讨论基于文明的城市设计（City Design）的问题，在教学内容上就不拘泥于传统工科大学的教学内容，除教授城市设计的技术层面的相关内容外，我们更注重观察和思维方式、方法的培养，更注重对城市外在表现背后形成原因的探究；我们希望通过课程的讲授引发学生们对城市研究的兴趣，思考城市形态，城市现象背后的生成逻辑，从而建立相对全面的城市研究和设计方法。

① 洪亮平. 城市设计历程. 北京：中国建筑工业出版社，2002.

怪物公园

2）教学方式：讲授与讨论并重

通过多年的教学，我们认为在中国的建筑本科教学中对于学生的独立阅读、思考和课堂讨论环节一直比较薄弱，特别是进入电子阅读和搜索时代以后，学生获取信息的手段大部分来自网络。网络带来丰富资讯的同时也出现了相应的问题，如信息缺乏辨识度，来源不明确，信息过于碎片化，不系统等。在《城市设计原理》教学中，我们希望改善这种情况，加强学生的系统阅读和思考训练。

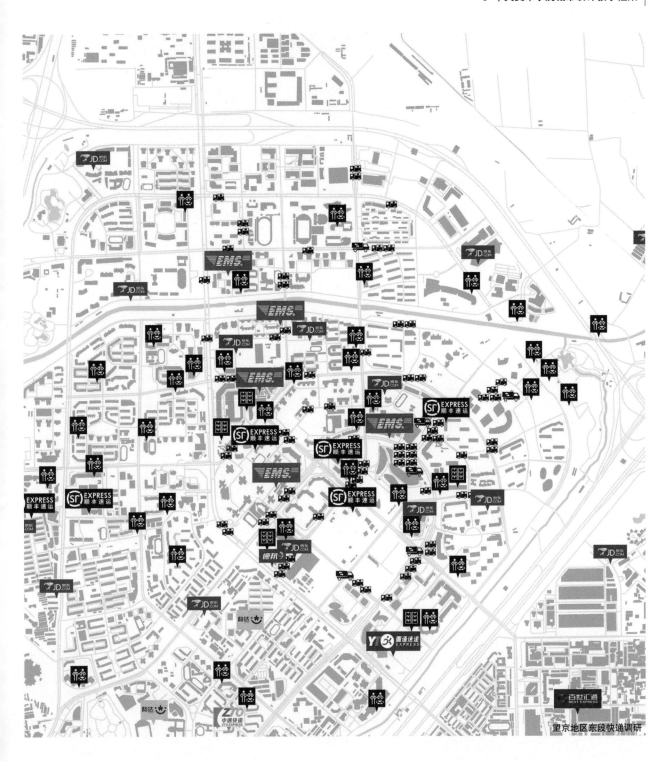

望京地区东段快递调研

课程教学分为两大部分：第一部分是讲授环节，由主讲老师根据教学大纲和课程总体思路对城市、城市设计的相关理论、方法进行系统性的讲解，主要讲授内容包括：《导论：从城市到城市设计》、《城市设计相关理论和流派》、《城市形态》、《城市公共空间——街道》、《城市公共空间——广场》、《城市绿地与水体》、《城市天际线》等。由于《城市设计原理》课程是《城市规划原理》课程的姊妹课程，也与同时间进行的《城市设计课程》（设计辅导课）相辅相成，因此在课程内容选择上，我们既注重了理论的介绍，也对具体的城市设计对象，如街道、广场、绿化等内容进行较为具体的设计方法的讲解。在讲授方法上，正如上面一段所述，我们不希望只局限于对城市物理现象及其外在风格的描述，而更为强调物理现象与背后社会和文化的逻辑关系，以及现象产生的原因，我们希望借助这种教学，能培养学生思辨的能力；另外，在传统城市设计理论内容的基础上，我们也注重艺术和人文思想的引入，这既有利于加强学生的兴趣，也符合中央美术学院建筑学院办学的总体思想。

教学的第二部分是课堂讨论（Seminar）环节。此环节要求学生以小组为单位对选定问题进行"自学"，阅读相关文献，实地考察，形成课题报告，并以课堂汇报，小型答辩的方式呈现。主讲老师会在课题上听取学生的报告，并当堂对报告中的优缺点进行点评，与学生进行讨论。在这个过程中，其他同学也被鼓励加入讨论，我们希望在本科阶段就逐渐培养学生的独立思考和研究能力。

望京地区快递工作路径

快递工作动态捕捉

3）作业：走出校门的尝试

城市是我们生存、生活的地方，它不是纸面上的，而是立体的、真实的。对城市及城市设计理论的讲述最终目的是为了学生学会思考城市问题的方法，掌握设计城市的方法，因此必须走出象牙塔，真正面对城市的现实问题。

多年来，中央美术学院的《城市设计原理》课程作业都没有选择单纯的论文或者考试形式，而是要求学生走出校门，通过对身边城市物理空间和人们行为的观察、思路，逐渐建立城市设计的思维格局。在过去的十年间，课程以北京市或北京市特定区域为主要研究对象，有针对性的、有主题性的进行调研，已经形成一系列有趣的，也极具建设性的成果。其中研究对象包括：广场（北京市内的多个不同类型的广场）、街道（北京市内的多个不同类型的街道）、中国传统街巷中的公共空间、铁路沿线（北京北站到五道口的铁路沿线地区）、望京地区等。从研究对象的时间进程上看，可以发现中央美术学院《城市设计》课程在逐渐调整对城市问题的关注点：2007~2012年，研究对象主要是街道和广场，2013~2014年，研究对象变为中国传统街巷中的公共空间；2015年，以北京北站到五道口的铁路沿线地区为题，主要讨论铁路对城市公共空间的影响；2016~2017年，研究对象是望京区域内的非宏大、非固定的城市元素，如共享单车、快递、外卖等，研究以"看不见的城市"为题，希望讨论这些"隐形"因素对城市和城市人的影响。

快递员视角观察

问题分析—侵占道路

　　在研究方法上，既有经典的对物理空间、人行为以及两者之间关系的分析，也涉及"路上观察学"（包括对特定人群行为、轨迹的记录，对同一地点不同时间现象的记录等）、Mapping[①]（虽然当时国内并没有明确的此概念，但方法论上是一致的）等西方城市调研方法；此外，在研究方法上我们还广泛摄取了艺术的思维和工作方式，如通过影像的方式表达观察者对观察对象的意象；如使用不同的交通工具，以不同的速度和视角观察对象；又如以艺术介入的方式对研究对象进行改变，讨论改变前后的关系；再如使用定位装置，跟踪物体的运动轨迹，等等。

　　总之，研究对象从关注经典到关注日常，从宏大到隐形；研究方法也不拘一格，广泛摄取不同学科，不同流派的方式方法，融为一炉，中央美术学院《城市设计》希望走出自己的一条路。

---

① 注：Mapping 的概念源自西方城市研究领域，在北欧多所大学中有深入的研究，中央美术学院国际合作课程中对此有较为深入的使用。

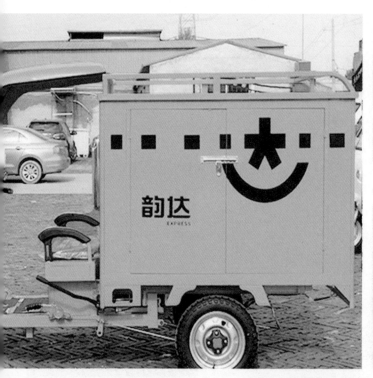

各类快递公司配送车辆

各类快递公司大型配送车辆

4）成果：公共展览和出版

经过多年的努力，伴随着中央美术学院建筑学院的成长，《城市设计原理》课程教学也逐渐成长起来，形成自己的特色，并取得了一些成绩。

2011年，《城市设计原理》课程主讲教师何崴和《城市规划原理》课程主讲教师虞大鹏一起先后出版了《城市公共空间解析系统——阅读广场》（何崴为第一作者）一书，2013年，又出版了此系列书籍的第二本《城市公共空间解析系统——解读街道》（虞大鹏为第一作者）。两本书都是在课程的作业的基础上，进行了再编辑，再思考总结后完成的，既是对课程教学的小结，也是中央美术学院城市学科对于城市问题的阶段性总结。正如现任中央美术学院副院长，兼任建筑学院院长吕品晶教授在《阅读广场》一书的序言中所说："是中央美术学院建筑学院城市理论教学的部分成果，以中央美术学院建筑学院《城市设计原理》、《城市规划原理》两门课程的实验性联合研究课题为基础，结合了两位辅导老师对于城市公共空间的研究，以理论设计实例分析结合的手法呈现出来。"[1]

---

① 吕品晶．《序》．何崴，虞大鹏 编著．《城市公共空间解析系统——阅读广场》．北京：中国建筑工业出版社，2011.

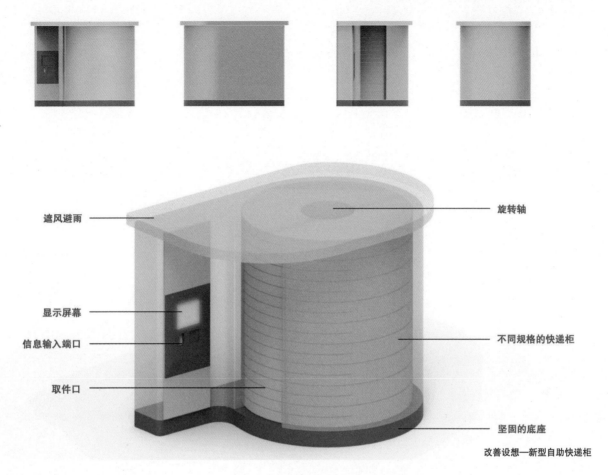

遮风避雨

旋转轴

显示屏幕

不同规格的快递柜

信息输入端口

取件口

坚固的底座

改善设想—新型自助快递柜

在通过出版总结教学成果的同时，我们还非常注意通过公共展览的方式向社会传播中央美术学院城市学科对于城市问题的思考。课程的部分成果 2012 年参展《北京国际设计周主展——智慧城市展》，2015 年在北京751 艺术区举办了《演，北京城市传统空间研究展》。这些展览都不是只针对专业人士的，而是力图以公众的视角出发，以简单、生动的表达方式来讲述城市问题，我们希望用这种方式唤起公众对于身边城市的关注和思考。我们认为，这才是大学应尽的社会责任。

（何崴）

学生作品：

怪物公园—秦缅 王颖 王楚霄 张智乾 王睿东 周俊彤 李宜轩 胡云飞 刘明沛 黄鹤玥 孙玉成 何沐 石润康

望京地区东段快递调研—洪梅莹 刘思婷 李春蓉 李莫非

3.3 设计呈现

3.3.1 立足现实：城市设计

课程时间：10 周，每周 4 课时，共 40 课时

学生：本科四年级建筑学专业（含城市设计方向）必修

课程负责人：虞大鹏 教授

教学团队：虞大鹏、李琳、何崴、苏勇

望京商业中心城市设计

　　中央美术学院建筑学院城市设计课程最早起源于居住小区详细规划课程，韩光煦教授和戎安教授都曾经先后参与过居住小区详细规划到城市设计的系列课程，后来教学团队基本稳定为目前的状况。

　　城市设计，又称都市设计（Urban Design)，在建筑与城市规划领域通常是指以城市作为研究对象的设计工作，是介于城市规划、景观设计与建筑设计之间的一种综合性设计。城市设计 (Urban Design) 一词首次出现于 1956年在美国哈佛大学举办的"城市设计系列研讨会"。它的出现取代了含义较窄的"市政设计"(Civic Design) 而是更多地从人的体验和社会试用角度去关注公共空间的设计，是对"公共领域"（Public Realm）的设计和管理 (Carmona, 2003)。城市设计从 20 世纪 60 年代发展至今，已基本形成一套比较完备的理论体系及创作方法，并在过去的 20 年里，通过大量实践操作日趋成熟，越来越多地被东西方学界所认知和接受。

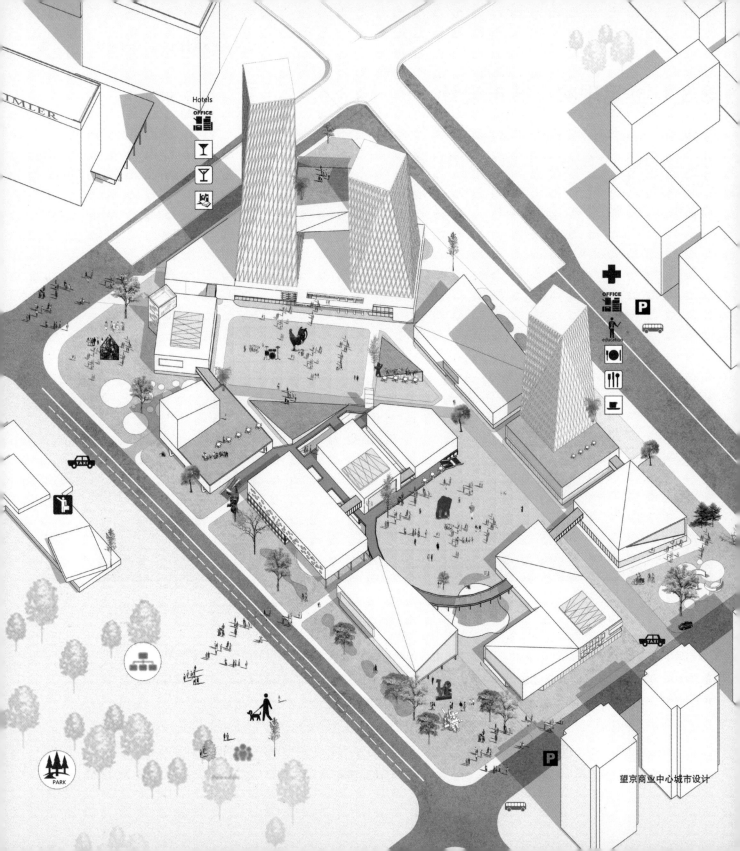

IMLER

Hotels
OFFICE

education
OFFICE

PARK

望京商业中心城市设计

望京商业中心城市设计分析图

　　城市设计（Urban Design）概念自出现以后，由于其综合性以及专业复合性特征，产生多重解读。现在普遍接受的定义是"城市设计是一种关注城市规划布局、城市面貌、城镇功能，并且尤其关注城市公共空间的一门学科"。城市设计以城市空间的安排与居民社会心理健康的相互关系为重点。通过对物质空间及景观标志的处理，创造一种物质环境，既能使居民感到愉快，又能激励其社区（Community）精神，并且能够带来整个城市范围内的良性发展。

望京商业中心城市设计

望京商业中心城市设计

　　城市设计的研究范畴与工作对象过去仅局限于建筑和城市相关的狭义层面，不过这种情况在20世纪中叶已经开始变化，除了与城市规划、风景园林、建筑学等传统范畴的关系日趋绵密复杂，也逐渐与城市工程学、城市经济学、社会组织理论、城市社会学、环境心理学、人类学、政治经济学、城市史、市政学、公共管理、可持续发展等知识与实务范畴产生密切关系，是一门复杂的综合性跨领域学科。其衍生出来的城市设计理论主要专注于城市公共空间的设计实践和理论发展。

开源社区城市设计

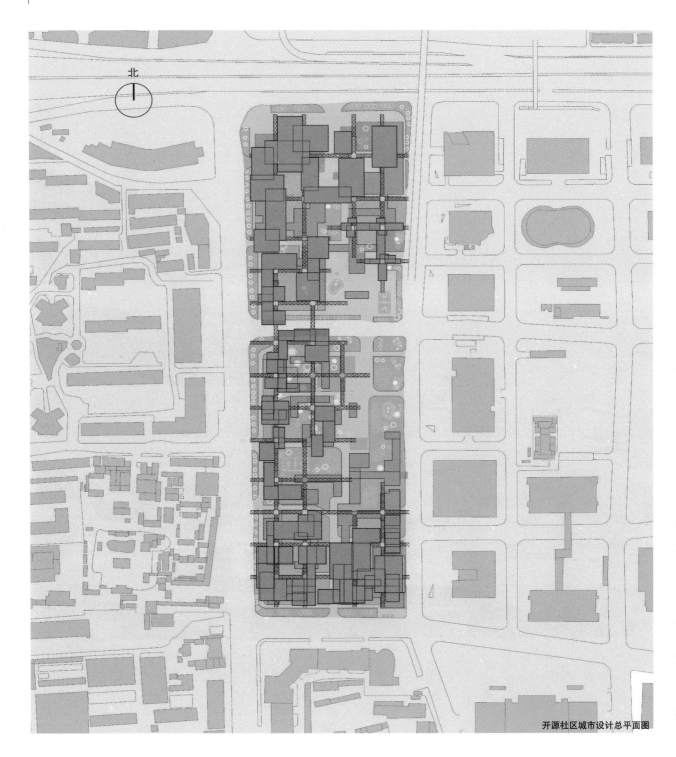

北

开源社区城市设计总平面图

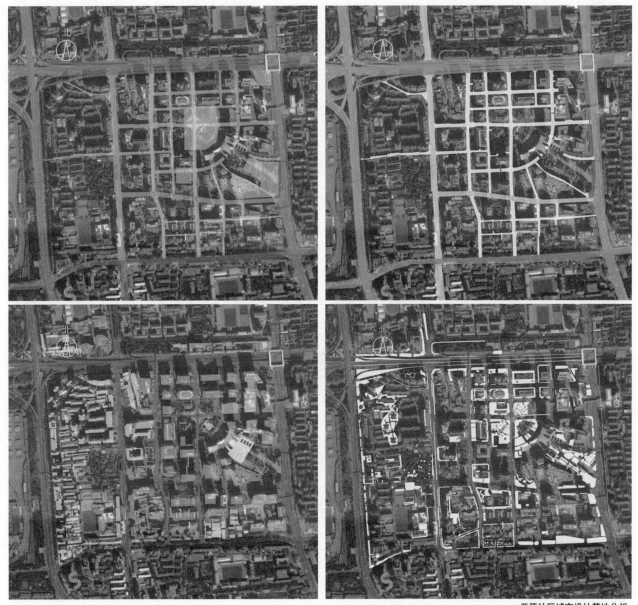

开源社区城市设计基地分析

　　作为建筑学专业核心设计课程之一，教学团队希望能够通过对城市设计的多角度理解、解读，培养学生对城市公共空间敏锐的观察能力、对社会文化空间公平客观的支持态度，并能够运用丰富的专业知识和手段分析城市问题，建立和培养"以人为本"的设计理念和方法。课程设计鼓励参与者主动观察与分析城市现象，敏锐涉及城市发展动态和前沿课题，发掘城市文化背景，并以全面、系统的专业素质去处理城市问题。

开源社区城市设计

基于上述出发点，教学团队对于课程的内容一直进行着动态的调整，在最早的居住小区详细规划课程中，希望学生了解我国的住房制度，居住现状和居住标准，掌握居住区修建性详细规划设计的基本内容和方法，巩固和加深对现代居住区规划理论的理解以及对城市居住区设计规范的了解，培养学生调查分析与综合思考的能力，通过课程设计掌握居住小区空间结构系统、道路交通系统、绿地系统的规划设计方法以及对配套基础设施和经济技术指标的深入认识。

商业
办公
文化
酒店

中关村都市绿谷城市设计总平面图

中关村都市绿谷城市设计

课程的基地基本以北京为主，北京是一个集历史和现代为一身的国际性大城市，有大量的传统住宅、文物建筑、特色空间、特殊空间等，也有大量近年建设的新标志、新建筑、新空间。随着城市的发展，北京旧城部分的改造已经成为一个必须要解决的问题。如何在满足居民现代生活需要（卫生、日照、人均面积等）的前提下，和周边环境进行对话，创造能够保留、体现北京传统文化特色、传统空间特色、传统生活特色的空间环境？

望京核心区城市设计

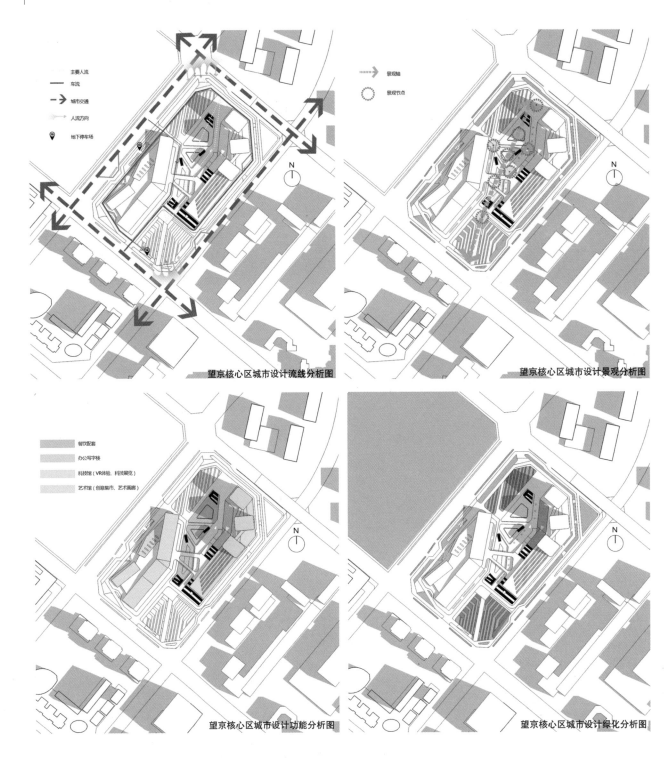

望京核心区城市设计流线分析图

望京核心区城市设计景观分析图

望京核心区城市设计功能分析图

望京核心区城市设计绿化分析图

望京核心区城市设计

　　随着教学要求的变化，在居住小区详细规划基础上，教学团队设计了"步行街区城市设计"课题，选择白塔寺地区面积15～20公顷地块（要求具有明确的公共属性和社会属性），能为市民提供共享的城市文化环境，进行步行街区的城市设计（可以从居住、旅游、商业等不同角度出发）。在保持原居住小区详细规划课程基本要求基础上，从社会生态学、文化学与城市学的角度，立足空间规划的专业基础和引导"城市人"的合理行为作为基本手段，观察城市，体验社会，发现问题，提出方案，继而丰富文化，和谐发展。

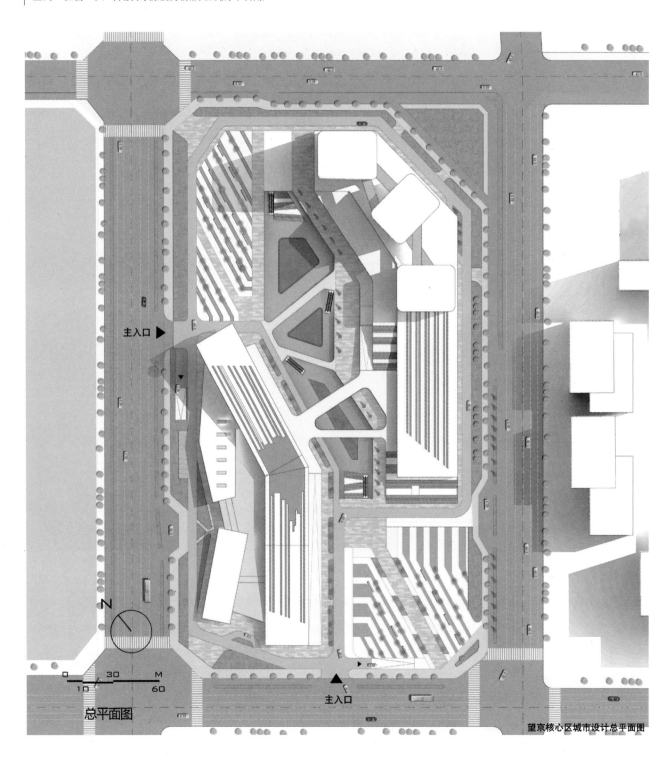

主入口 ▶

N

0　　　30　　　M
10　　　　60

总平面图

主入口

望京核心区城市设计总平面图

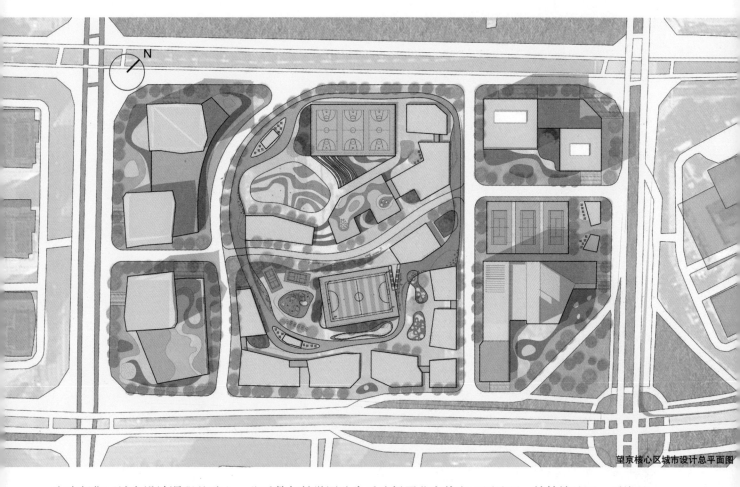

望京核心区城市设计总平面图

　　在步行街区城市设计课程基础上，此后数年教学团队先后选择了北京热电二厂地区、钟鼓楼地区、后海地区等分别就旧城核心保护区的更新与振兴、工业遗产的保护与地区复兴问题以及对于各种城市问题矛盾冲突集中地点或区域的合理化改造等问题展开课程研究。其核心问题均对于近两年提出的老城更新、文化复兴等体现出了一定的前瞻性和实验性。

　　除此之外，新兴城区的城市设计问题也一直在设计团队的关注之中。比如，望京地区是北京市新兴城市副中心、亚洲最大的居住社区，经过 20 年的发展，目前已成为有 40 万左右常住人口、接近一个中等城市规模的相对独立区域，奔驰、微软等跨国企业纷纷将其中国甚至亚洲总部设置于望京。由于发展过于迅速，望京地区的城市空间呈现明显的"独立化""分割化"特征，尺度上偏宏大，各个地块相对独立缺乏呼应。教学团队选择望京核心区作为研究对象，希望通过城市设计的手段，对本区域空间进行再组织，以达到区域共兴之目的，主要研究目标是新兴城区空间问题的发现和解决。

望京核心区城市设计

城市设计的核心内容是对城市空间的梳理和组织，综合以上内容，以往的城市设计课题往往也更侧重于对空间的研究和把握，对于空间形态、开发强度、控制指标等内容的研究较为深入，但对于空间的使用者——人的行为、感受以及需求研究相对不足。基于此，教学团队也进行了基于行为分析与空间认知的城市设计课程尝试，通过行为分析以及功能策划，希望在对人们活动、需求等方面深入研究的基础上，调整或者改变所选择设计基地的建筑功能（一种假设性的调整与改变）。在完成建筑及环境的再设计之后，与基地现状空间环境进行比较和辨析，最终完成基于行为分析、空间认知基础上的建筑设计（及城市设计）全过程。

（虞大鹏）

学生作品：

望京商业中心城市设计—胡云飞
开源社区城市设计—刘琪睿
中关村都市绿谷城市设计—孙慧琦
望京核心区城市设计—陈煌杰
望京核心区城市设计—蒯新珏

3.3.2 畅想未来：城市空间设计竞赛

课程时间：8周，每周4课时，共32课时
学生：本科三年级建筑学专业（含城市设计方向）必修
课程负责人：苏勇 副教授
教学团队：苏勇、虞大鹏、崔鹏飞、刘文豹、何崴 等

琼楼玉宇—央视副楼改造方案

面向未来的城市设计竞赛教学

1）全球化时代城市设计学科的再定位——从规划辅助工具到城市发展战略

　　长期以来，城市设计一直被视为一种在现有的城乡规划控制体系中运行的规划辅助工具，贯穿于从城市总体规划到控制性详细规划的全过程中。然而，近40年的快速城市化，千城一面的同质化现实，使我们认识到现有的规划控制体系已经难以适应全球化时代城市发展的需要——既要适应全球分工，又要不断向高端价值链攀升，而城市设计因为其在城市功能调整、城市公共空间优化以及城市形象塑造上的独特优势，有机会完善甚至超越现有以控制性规划为核心的规划体系。

琼楼玉宇—央视副楼改造方案

　　面向全球化时代的城市设计，不能是仅仅从自身现实问题角度出发思考的城市设计，而应该是能够适应全球化竞争这一背景下中国城市转型需要的新型城市设计，是将城市中的所有要素创造性地整合起来的新型创意平台，而非传统意义上查漏补缺式的"规划辅助工具"。它是全球划时代发展中国家抵抗同质化景观和低端城市定位的有力武器，也是创造差异化景观和实现城市向高端城市定位跃升的有效工具，在全球化的价值金字塔和价值链传导游戏中，城市设计也将是一种城市价值重塑和城市话语权博弈的演化过程。

　　例如在中国最具活力同时参与全球化最深的科技创新城市深圳，已要求重要的城市战略性地段必须进行城市设计，这使得城市设计已经成为深圳市政府对该地区进行宏观定位和吸引全球资源决策的重要依据之一。这充分说明了城市设计的定位转变——它已突破传统意义上的规划控制手段而实际上已经转化为一种典型的城市发展战略，它注定是一个引领全球化时代城市未来发展的战略手段，而非仅仅是只关注目前现实问题的规划辅助工具。

　　城市设计的角色和定位转变了，那么我们的城市设计教学也应该相应转变才能适应时代发展对人才培养的需要。为此，我们中央美术学院建筑学院首先尝试在建筑学和城市设计专业三年级设计课程中引入了城市设计竞赛课程，希望以竞赛的选题多元化、教学方法综合化、教学成果过程化等特色来摸索城市设计教学的新途径。

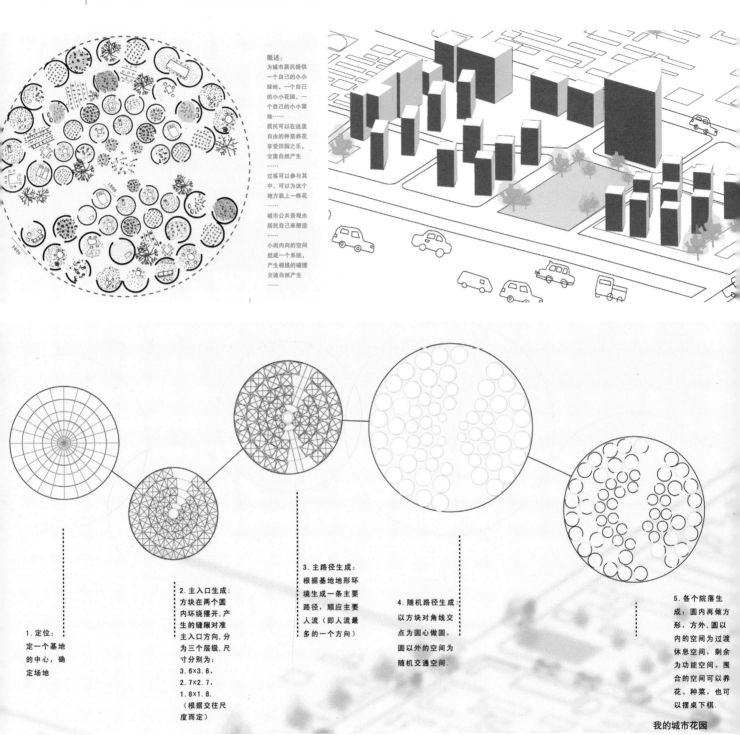

概述：

为城市居民提供一个自己的小小绿地、一个自己的小小花园、一个自己的小小菜地……

居民可以在这里自由的种菜养花享受田园之乐，交流自然产生……

过客可以参与其中，可以为这个地方栽上一株花……

城市公共景观由居民自己来塑造……

小而内向的空间组成一个系统，产生视线的碰撞交流自然产生……

1. 定位：
定一个基地的中心，确定场地

2. 主入口生成：
方块在两个圆内环绕摆开，产生的缝隙对准主入口方向，分为三个层级，尺寸分别为：
3.6×3.6，
2.7×2.7，
1.8×1.8。
（根据交往尺度而定）

3. 主路径生成：
根据基地地形环境生成一条主要路径，顺应主要人流（即人流最多的一个方向）

4. 随机路径生成：
以方块对角线交点为圆心做圆，圆以外的空间为随机交通空间。

5. 各个院落生成：圆内再做方形，方外，圆以内的空间为过渡休息空间，剩余为功能空间。围合的空间可以养花、种菜，也可以摆桌下棋。

我的城市花园

游客　居民

我的城市花园

2）城市设计竞赛选题的多元化——从重现实到重未来

传统的城市设计教学中，学生的设计选题往往更多集中于城市面临的现实问题，例如城市旧城区的更新、公共空间的优化、新城区城市形象的塑造、城市绿地系统的提升，等等。这些问题往往是学生平时接触较多，比较容易掌握和入手的，对于训练学生掌握基本的城市设计方法，培养理性思维无疑是有效的，但现实的问题也往往会带来许多套路化的解决思路，形成主题和形态雷同的方案，反过来又禁锢了学生创造性思维的培养。而"城市设计作为一个融贯学科，重视专业间的交叉，其实践越来越强调综合性。与此相对应，其教学也应该体现一定的交叉与综合性特点"。因此，我们在城市设计竞赛课的选题中尽可能选择一些同学们并不擅长的生态、气候、环境、农业、科技、基础设施等问题，鼓励学生运用创造性思维解决城市未来可能面临的问题。

同时，为拓展同学们的知识视野，我们在竞赛课程的前期研究中，也会邀请相关领域的专家对相关问题进行专题讲座，形成一套专门的调研与图示方法，并且教师不断地引导学生从不同专题来提炼主题与生成形态，因此最后的成果呈现为与一个或几个不同专题问题密切相关的，多样化的主题和形态。

例如，以 2009 年城市设计竞赛的选题——"公共客厅"为例，该选题是要求学生针对信息时代日益出现的人—机交流膨胀而人—人交流萎缩这一趋势而提出相应的城市设计应对策略。这个选题没有确定的基地，由同学们自由选择新建筑、旧建筑改造、城市外部空间三种设计类型中的 1 种展开设计，这种对未来以及场地的不确定性，激发了同学们突破现实的束缚去思考过去、现在和将来的城市空间，是什么在变并影响我们？又是什么未变依然影响我们？有的同学结合城市日益高层化的未来，提出立体城市概念，将街道，广场，公园、绿地延伸到空中；有的同学则通过在现有公共空间中创造各种不同特色、不同尺度以及不同的围合方式的有趣交往空间希望将各种人群从虚拟世界拉回到面对面交往的传统模式；有的同学则希望建立完全独立于汽车系统的全城线性空中交流系统。

2011 年城市设计竞赛的选题——城市立体农场，则是针对 2050 年，世界人口将达到 92 亿，其中 71% 将居住在城市地区。随之而来的问题将是如何在农业用地资源日益紧缺的情况下维持城市日益增长的巨大粮食需求？这个选题要求同学们将农产品、牲畜养殖等农业环节放入到可模拟农作物生长环境的城市空间或建筑物中，并通过能源加工处理系统，实现城市粮食与能源的自给自足。这种将农业与城市空间、建筑相结合的题目，促使同学们去跨界关注原本陌生的农业，并主动思考未来城市与乡村，建筑与自然如何携手共进的问题。

有的同学通过挖掘现有城市中被人遗忘的消极公共空间，并在其中植入现代农场的方式实现城市与农场的结合。有的同学则通过城市有机更新，将过去的工业区转换为立体农业工厂。

2012 年城市设计竞赛的选题——"交叉与共融"，

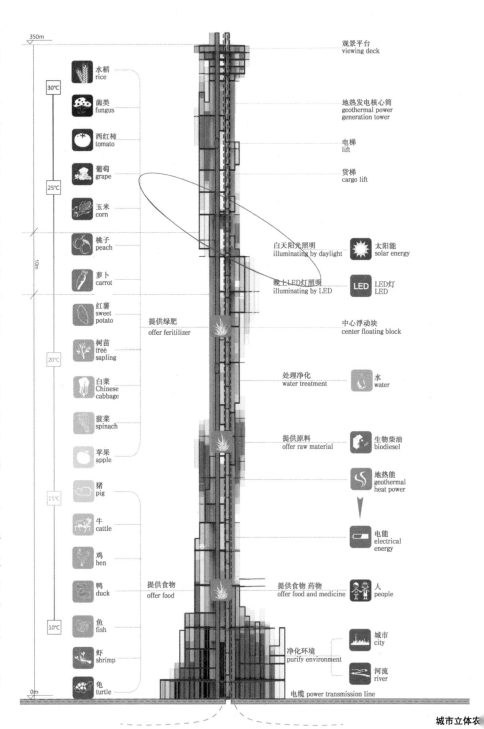

城市立体农

城市立体农场 FRESHING LAND

这是针对工业社会分工导致的城市、建筑，景观相互脱节的环境问题，提出寻找人居环境中的交叉，体现交叉中的共融。要求城市和景观的密切结合创造出一个新的更具弹性和适应性的城市形态和空间。这种将城市、景观、建筑相互交叉与共融的题目，促使同学们从整体角度去思考城市、建筑和景观设计。有的同学从中国大城市目前普遍存在的城市内涝这一城市规划问题入手，创造性地提出在城市绿地中建设集雨水收集、储存、循环利用、城市标志景观为一体的水泡型的景观设施，从而实现了景观与城市规划以及景观与建筑的良好融合。

2017 年城市设计竞赛的选题——义龙未来城市设计。这是针对全球城市化加速发展所带来大气污染、水资源短缺、交通拥堵、治安恶化、千城一面等城市病，希望探索一种新的适应未来发展的城市发展模式。有的同学通过对城市设计的过程进行反思，希望建立一种以点控线，线控面的弹性动态规划模式，以应对城市发展的未知问题。

根据对北京季风的分析，建筑的形体得以生成。整个建筑体发生扭动，以此产生对冬夏季风的利用和影响。
The form of the architecture generated according to the analysis of the monsoon in Beijing. The body of the building twisted, in order to rise to the use and impact of summer and winter monsoon.

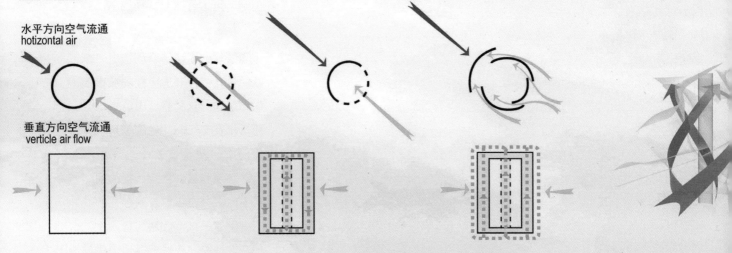

水平方向空气流通
hotizontal air

垂直方向空气流通
verticle air flow

在夏天，风从缝隙中被引入室内，冬天则被挡在建筑体外。
In summer, the wind was drawn from the cracks into the inner space, while the cold one in winter was forbidden.

城市立体农场 FRESHING LAND

3）城市设计竞赛教学方法的综合化——从重单一到重交叉

目前我国已通过专业学科评估的主流建筑规划学院，一般在城乡规划系与建筑系高年级都设置了城市设计课程，两者因学科研究的重点和研究对象的角度不同而在教学方法上各有长短。例如，对于城乡规划背景的学生而言，教学方法往往更多侧重从宏观的角度去研究城市问题，强调从上位规划出发，进行土地利用规划、城市空间布局和城市形象塑造，其重点在二维层面对城市资源进行有效地利用和分配；而对于建筑学背景的学生而言，教学方法往往更多从微观的角度研究城市问题，强调从局部空间优化出发，重点在三维层面对城市功能、城市形态、城市公共空间、城市交通和城市建筑等进行设计。由于目前国内各院系之间设计课程跨学科的相互开放较少，使得这两种主流的城市设计教育方法之间缺乏密切的联系，学生们局限于所学的知识，在成果上也很难有所突破。因此，如何构建一套规划和建筑一体化的综合城市设计教学方法就成为我们城市设计竞赛课程探索的方向。

首先，考虑到城市设计竞赛选题的多元性，我们在教师团队的组成上强调了综合化。教学采用多专业合作教授课程的做法，让规划、建筑、景观以及与竞赛主题相关专业的老师一起参与课程的选题、指导和联合评图。同时，课程的前期、中期和终期评图三个重要教学节点还会邀请具有经验的实践设计师担任客座教师，通过举办讲座、参与点评让学生可以广泛听取意见，接触到城市设计的实际工程经验。

其次，在城市设计竞赛的团队组合上我们也强调了综合化，每个竞赛小组都要打破专业的限制，同时包含规划、建筑、景观的学生，形成综合团队。

再次，在具体的设计工作组织上我们也要求三个专业的同学以小组的形式共同行动，避免各自独立工作，始终一起完成前期的调研分析，中期的讨论创作以及最终的成果汇报。

最后，在教学的具体方法上我们借鉴 MIT 城市设计教学中的流水线创作法 (Rotation Method)，形成自身的交叉设计方法，该方法要求在设计进行时让同一小组不同专业的同学共同围坐在一个大桌子前，通过学生按顺序换座位，或大草图纸的依次流转，让每个学生在设计图纸上添上自己有关规划策略和方案构思的想法，形成一种各专业交叉进行共同创作的局面。在规划后期，还可以把主要的构想、办法、提案呈交给每个学生（或小组），进行交叉轮换的分析评价，并把讨论内容记录在大白板上，进行整理总结。这种群策群力的办法可以很好地激发学生的想象力、换位思考能力，并不时获得一些意想之外又情理之中的设计灵感。[1]

从教师团队的综合到学生设计团队的综合，从实际工作组织模式的综合到设计方法的综合，构建起从单一到交叉的综合性城市设计竞赛教学方法，它打破了规划、建筑、景观等各系之间无形的屏障，整合了从宏观到微观的设计方法，达到了相互开放、资源优势互补的教学效果。

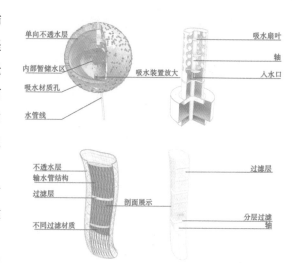

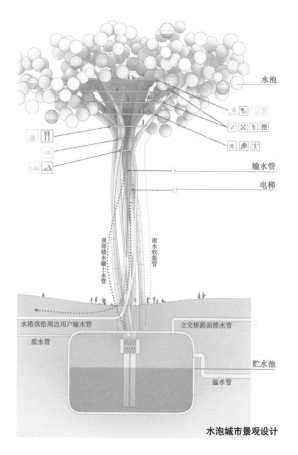

水泡城市景观设计

① 梁江 王乐 . 欧美城市设计教学的启示 . 高等建筑教育 , 2009,1.

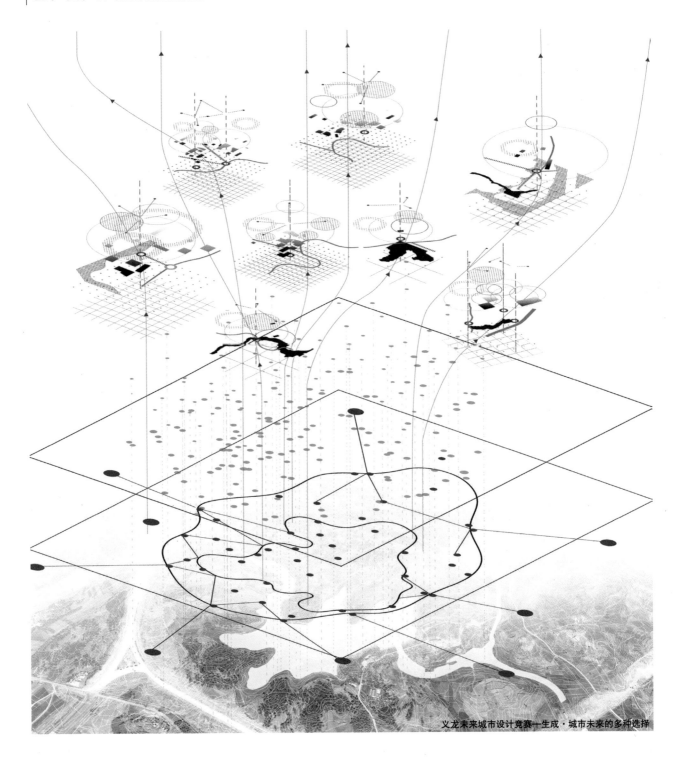

义龙未来城市设计竞赛——生成·城市未来的多种选择

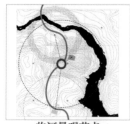
临河景观节点

临路商业节点

临路康养节点

临路居住节点

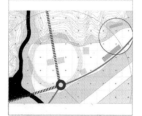
临路康养居住节点

4）城市设计竞赛教学成果的过程化——从重结果到重过程

C·亚历山大在《城市设计新理论》一书中强调了一种整体性的创建，它指出"每一个城镇都是按照自身的整体法则发展起来的"，而"创建城市整体性的任务只能作为一个过程来处理，它不能单独靠设计来解决。而只有当城市成形的过程发生根本性变化时，整体性的问题才能得以解决"。显然，"最重要的是过程创造整体性，而不仅仅在于形式。如果我们创造出一个适宜的过程，就有希望再次出现具有整体感的城市"。[①]这提示我们当城市设计从蓝图控制转换为过程控制时，整体性才能真正出现，相应的城市设计教学也应该从重视结果转向重视过程。

然而，目前我国主流建筑规划院校的传统城市设计课程一般多为 10 周 80 课时，主要包括前期研究、方案设计、成果制作三个阶段，其中前期调研一般为 2~3 周，完成后就进入 3~7 周的方案设计阶段，最后的 9~10 周为成果制作阶段。从课时量的安排看，不难发现存在着重方案设计和成果制作，而轻前期研究的问题，同时在教学时间上也存在前期研究和后期设计截然分开的问题，这些问题的存在经常导致学生的前期研究成果与后期方案主题、规划形态脱节的问题。

针对这种前后脱节现象以及设计竞赛更强调构思和创意而非制图的实际情况，我们在设计竞赛课程组织中安排了研究与设计并重，过程与成果并重的教学计划：首先，增加了前期调研的课时（从占 1/5 课时上升到 1/3 课时）和调研深度，强调要从理论研究逐步导向物质形态，培养学生从调研成果提炼出设计主题，再逐步生成形态的研究性设计能力。

其次，强调前期研究和后期设计可以交叉进行，当设计遇到瓶颈时，可以穿插补充调查前期研究不足的内容，这种基于整体原则的研究与设计交互进行设计方法在程序上更接近真实城市设计的过程性特征。

最后，我们教学计划与任务要求都力求具体细致，例如将教学任务细分为城市分析、基地调研、发展目标、规划策略、设计原则、总图设计、规划分析、节点设计等多个阶段，每个阶段落实到每周每课。每个阶段任务都有单独的成果要求，学生都需要在密集的评图中展示自己的阶段成果，再通过教师和专家的点评修正前一阶段的成果，并引导下一阶段的发展方向。这种过程与结果并重的教学组织，让每位学生在各个阶段都不可能放松，始终在不断修正中向着最优的目标有效推进。

① C·亚历山大. 城市设计新理论. 陈治业 童丽萍 译. 知识产权出版社 ,2002,2.

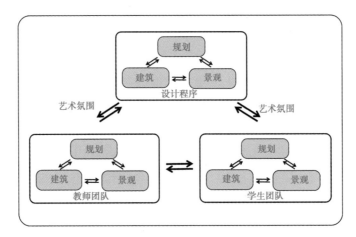

城市设计竞赛教学方法的综合化

5）结语

　　随着全球化、信息化、生态化时代的来临，以及我国城市化进程从过去增量发展进入存量优化阶段，城市面临更多更复杂的挑战，除了我们正在面对的环境恶化、交通拥堵、城市特色缺失等现实问题外，未来的城市群建设、城乡一体化、智能城市，等等问题都需要我们以面向未来的姿态以更开放的形式改革和加强城市设计的教学工作。中央美术学院三年级城市设计竞赛教学所提供的从选题的多元化到教学方法的综合化，再到教学成果的过程化的教学模式探索正是向这一方向迈出的勇敢一步。

　　我们相信这种建立在科学的研究框架及系统性解析思路的指导下，通过全面综合的考察研究，并通过多阶段教学节点规范要求，逐步引导学生从调研结果推导出方案理念与形态的教学方法将使得学生在面对未来更加复杂的城市问题时，都能从容应对，积极解决，实现创新。

（苏勇）

学生作品：

央视副楼改造方案—阎杰章 周安

我的城市花园—王琰 王墨涵 卜映升

城市立体农场—付凯 景斯阳 黄智 谭钰琳

城市立体农场 FRESHING LAND—徐迂图 葛增鑫 龚娱

水泡城市景观设计—刘雨晨 王铮 张扬扬

生成·城市未来的多种选择—张紫琪 谢斯圆 章霍莹 盛星紫 高文洤

3.3.3 精彩纷呈：毕业设计

课程时间：20周，每周4课时，共80课时
学生：本科5年级建筑学专业（含城市设计方向）必修
课程负责人：虞大鹏 教授
教学团队：虞大鹏、李琳、苏勇

崇文门商业综合体模型照片

　　中央美术学院每年的毕业大展已经成为有全国影响力的艺术活动，成为一年一度的艺术嘉年华。从"毕业季"的策划、专有毕业服装的设计到遍布全美院的灯光秀，各种活动构成人人都能参与的艺术狂欢。毕业设计是对大学四年、五年学习生涯的总结，是毕业生学习成果的集体表达与展示，也是中央美术学院教学从理念到实践的价值体现。毕业作品展表现出在错综复杂的多元文化与现实语境中，中央美术学院学生对于艺术的自觉与担当，毕业作品充盈且真实、年轻且热情，学生通过对传统语言的锤炼与演绎，对材料的实验与运用，对空间的阐释与驾驭，从不同角度提出问题，并在阐释过程中融入自身的感受，积极地对历史、对社会作出反应与回应。

　　7工作室作为城市设计方向的专门化工作室，教学团队针对热点问题，配合建筑学院整体安排，每年均对毕业设计课题、过程进行了精心的设计和安排。与一般院校毕业设计热情相对较低相反，或许是受中央美术学院毕业季整体氛围的影响，建筑学院每年的毕业大展也是同学们大学五年投入最大精力和热情的全面工作展示，以下是最近几年7工作室毕业设计课题及部分优秀毕业设计。

1）针对城市空间问题的实体商业振兴研究——崇文门菜市场商业项目设计

　　基地位于东城区崇文门外大街，具体四至范围为：东至崇文门外大街；南至东打磨厂街；西至北京电力工程管理中心；北至崇文门西小街。基地处于崇文门核心区域，属于崇文门商圈，配套、居住、商业氛围均已相当成熟。地块东临哈德门饭店、国瑞城、搜秀商城近在咫尺；南临新世界商场，与新世界一期隔路相望；北临崇文门饭店，蜀渝美食，马克西姆等餐饮。

　　基地周边临四条主城市干道，崇文门内、外大街，前门东大街，北京站西街，快速路网通达成熟；且临近崇文门地铁站D号出站口，步行仅需要3分钟即可轻松乘坐2号、5号地铁线路，便于通达市区内任何区域。基地地点位于城市中心区，很适合树立企业的商业品牌，所以建筑形象应具有明晰易记的商业建筑形象、成为该商业区地标及视觉焦点，并同时反映项目内在的商业内涵，要求建筑总体布局、造型应注重城市设计，应充分考虑与地面交通、地铁联系及新世界百货的空间关系；建筑布局应进行合理的功能分区和交通组织、以提高商业效益、便于管理，应根据各功能之间的关系与需求，合理安排人流和机动车出入口，并应充分考虑入口空间的展示作用。

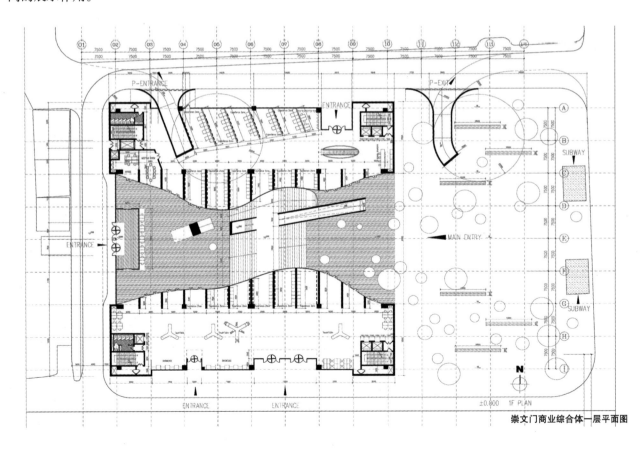

崇文门商业综合体一层平面图

崇文门商业综合体效果图

崇文门商业综合体效果图

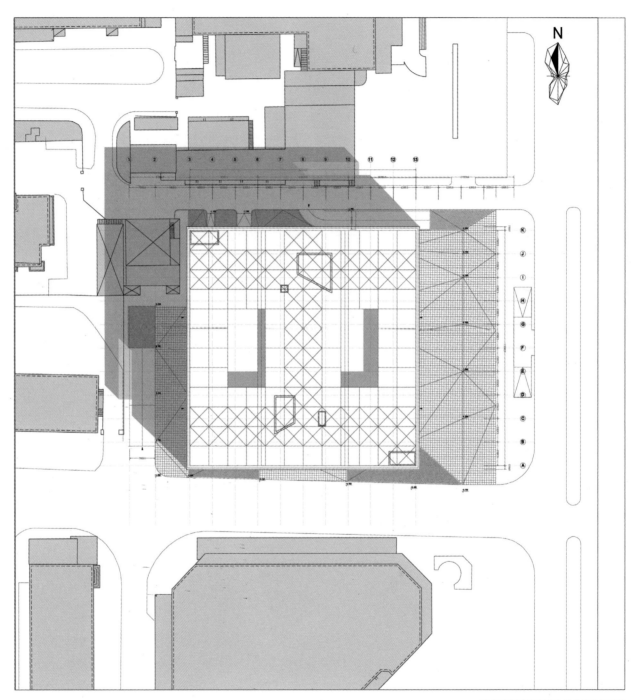

夹心容器 崇文门商业综合体总平面图

夹心容器 崇文门商业综合体

白天反射城市 处于半隔离状态　　　　　夜间照亮城市 较大程度反作用于城市

夹心容器 崇文门商业综合体城市关系分析

夹心容器 崇文门商业综合体

2）语境：云南大理古城北水库区域城市更新设计

在当前的城市化进程中，大理古城也不可避免地遇到了传统古城保护与现代城市发展之间，在区域定位、空间布局、居民生活等方面的诸多矛盾。2015年度8+1+1联合毕业设计选择大理北水库区域进行更新改造设计，即意图尝试寻找一定程度上解决上述问题的旧城更新新思路、新方法。设计课题的基地位于大理古城东北角，规划用地约27.02公顷，建设区约20.25公顷。该基地东临洪武路，西靠叶榆路，南以玉洱路为界，北以中和路为界。本次设计拟从下列方向深入研究古城发展及更新模式。①古城墙遗迹的保护需求的价值研究。古城墙是大理古城文脉的重要线索也是大理旅游发展的另一种语境，甄别古城墙在保护恢复价值，提出保护方法或恢复策略。②希夷之大理项目对基地的影响评估。比较"大理之眼"表演建筑的大体量及现代钢构建筑与北水库生态景观恢复及市民活动公园的矛盾现实。提出"大理之眼"整理策划。③北水库对于居民生活的影响要素。北水库是大理人生活休闲的重要记忆场所。通过对场地及其溯源调研，提出水库设计要点并呈现具体的设计。④现有居民与外来人员的生活现状、业态的调研，整理现状建筑。深入认识民居的细节，通过优化建筑和新建建筑两种模式结合，插入式设计符合旅游语境下的民居设计。⑤政府控规对其的定位与期许为基础，重视古城历史文化名城的背景与旅游商业的契合，寻找符合传统文化名城保护的开发模式。

大理古城北水库区域城市更新设计

大理慢生活居住型社区设计总平面图

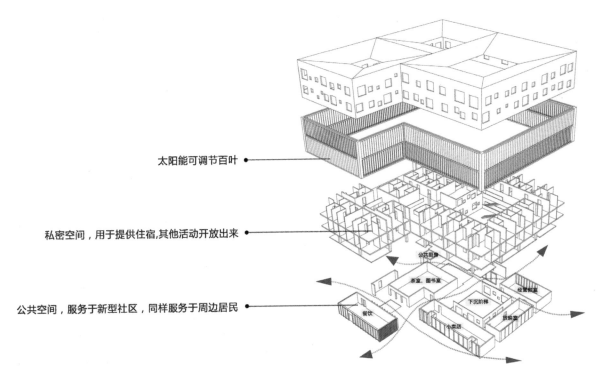

太阳能可调节百叶

私密空间，用于提供住宿,其他活动开放出来

公共空间，服务于新型社区，同样服务于周边居民

公共厨房

茶室、图书室

经营教室

下沉阶梯

放映室

餐饮

小卖店

大理慢生活居住型社区设计公共与私密关系分析

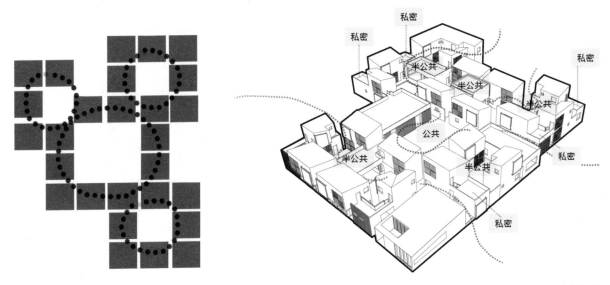

私密

私密

私密

半公共

半公共

半公共

公共

半公共

私密

半公共

半公共

私密

私密

大理慢生活居住型社区设计院落重构

大理慢生活居住型社区一层平面图

大理慢生活居住型社区设计

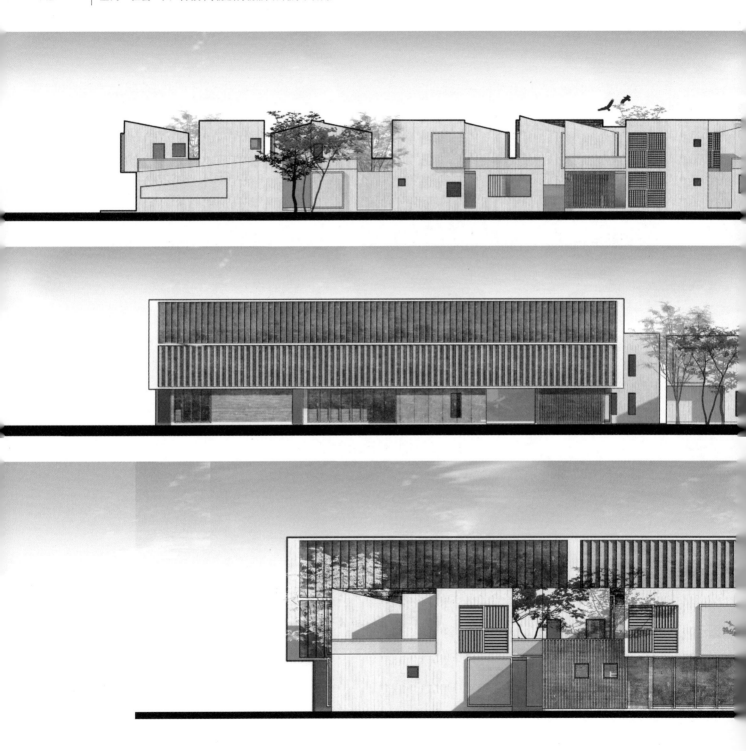

大理慢生活居住型社区设计立面图

3）后边界——深圳二线关沿线结构织补与空间弥合

深圳二线关是国家设立的边境管理区域线，特指深圳特区与深圳市宝安、龙岗两区的隔离网和检查站。二线关是相对于深圳与香港分界的一线关而言的，27.5公里一线关和90.2公里二线关所围合的327.5平方公里区域，即为"深圳经济特区"。

二线关是特殊的政治经济发展状态中设立的人为边界。在深圳经济特区的发展过程中，二线关内外的土地政策、户籍制度、物价水平、产业类型、环境资源、市政服务和城市化水平不同，造成关内关外社会经济发展水平、市民身份认同和社会心理的差异，也造成了城市发展的结构分离与肌理断裂。

随着1997年香港回归，深圳特区关内外实行一体化改革，香港、深圳和内地之间角色地位也在发生变化，在特区设立边界的必要性逐渐丧失。早在1998年，在深圳市"两会"上，就有代表和委员提出撤销"二线关"的议案和提案。之后，有关撤销"二线关"的呼声连绵不绝，至2003年达到最高峰。同年，深圳取消"边防证"，内地居民只需持身份证即可入关。

村中城 深圳二线关社区规划

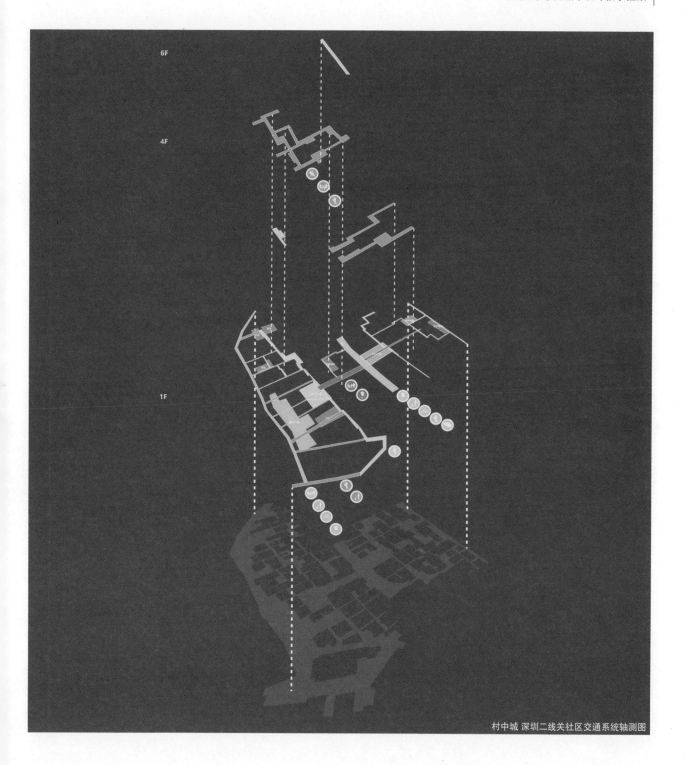

村中城 深圳二线关社区交通系统轴测图

村中城 深圳二线关社区规划

2010 年，国务院批准深圳经济特区范围扩大到全市，宝安、龙岗两区融入深圳特区。二线关名存实亡。二线关的拆除，并不只是一个简单的动作。30 年发展的不均衡，以及二线关本身隔离防护功能，使得关内外之间城市结构和肌理呈现明显的断裂；即便检查站拆除，关口地区仍然成为各主要交通线路的堵塞点；关内外社会心理的落差所产生的社会矛盾，更不是短时间内所能解决。另外，二线关见证了深圳发展独特的历史进程，承载着城市和个人的记忆，是深圳与生俱来的城市胎记。除了历史价值外，二线关沿线还保留着华南地区富有特色的丘陵海岸地貌和耕作景观，具有重要的自然价值。在二线关的后边界时代，在弥补城市物理和心理裂痕的同时，如何发掘、保存和彰显其历史和自然价值，是本次毕业设计希望触及的专业内核。

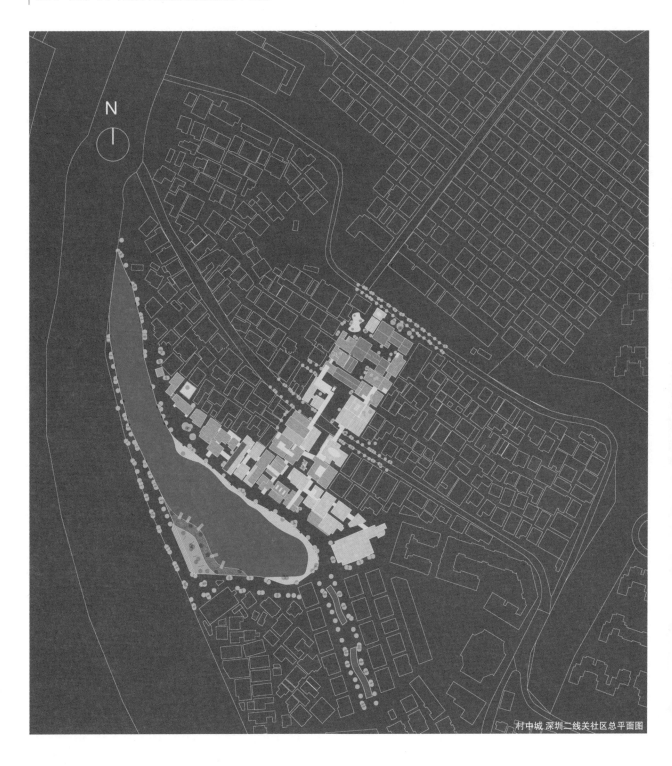

村中城 深圳二线关社区总平面图

村中城 深圳二线关社区规划

村中城 深圳二线关社区规划

4）圣玛丽亚公园商业广场设计

　　基地位于上海市长宁区中山公园附近，处于中山公园商圈中。此商圈以中山公园为核心，南抵武夷路，西到凯旋路和中山路内环线，北靠万航渡路，东至华阳路、安西路，面积约为114.7公顷，是上海西部重要的商业聚集地，也是上海市内交通的重要枢纽之一。在基地的东北角，是"梦之龙"购物中心，基地南侧一百米是上海市国际体操中心，周边还有中山公寓、碧云公寓、三泾北/南宅小区等居住小区，居住人口数量大，商业潜力巨大。

　　圣玛丽亚公园不仅仅是一个开放的商业广场，更多的是一个城市公共广场，也是举行音乐会、文化盛会现场演出和现场直播的室外剧场。通过多重交错的交通流线，以及丰富的空间变化，将商业广场打造成为一个立体的城市公园，消费与非消费功能之间既各自独立发挥效用，又相互关联，并在此基础上相互补充、相互促进，从而产生更大的整体组合效应，形成稳定的消费功能解构。

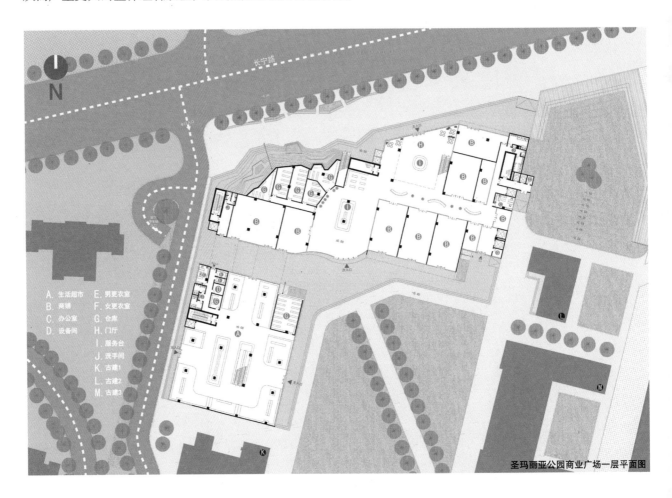

A. 生活超市　　E. 男更衣室
B. 商铺　　　　F. 女更衣室
C. 办公室　　　G. 仓库
D. 设备间　　　H. 门厅
　　　　　　　 I. 服务台
　　　　　　　 J. 洗手间
　　　　　　　 K. 古建1
　　　　　　　 L. 古建2
　　　　　　　 M. 古建3

圣玛丽亚公园商业广场一层平面图

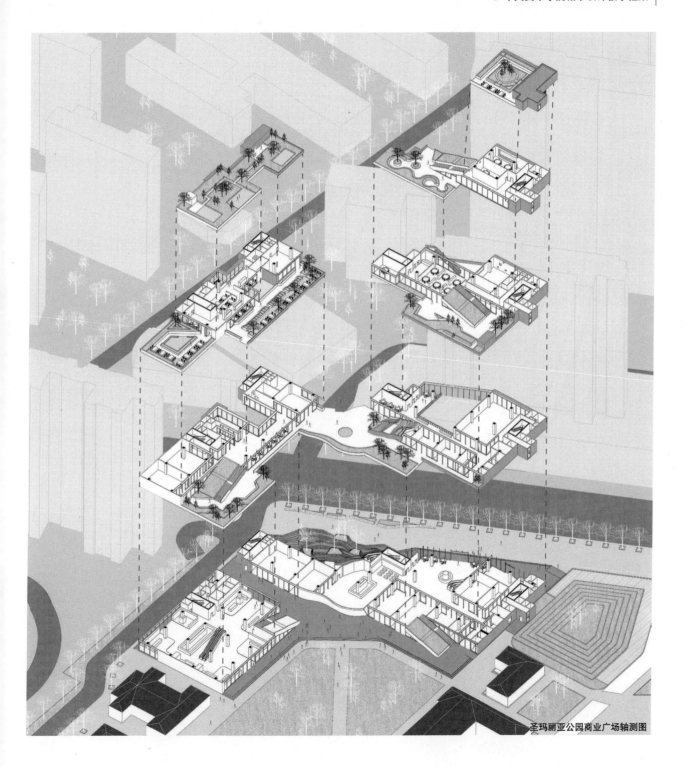

圣玛丽亚公园商业广场轴测图

圣玛丽亚公园商业广场区位分析图

圣玛丽亚公园商业广场设计

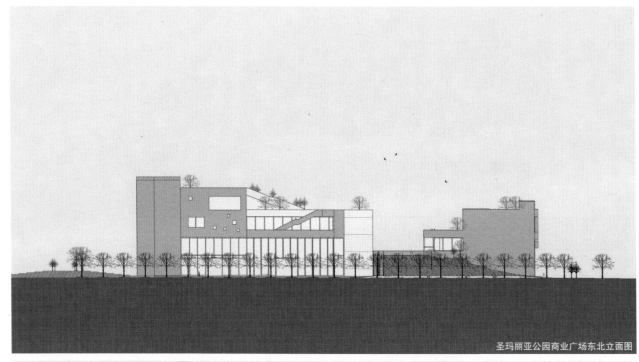

圣玛丽亚公园商业广场东北立面图

圣玛丽亚公园商业广场西立面图

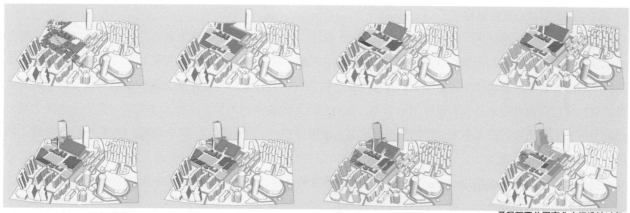

圣玛丽亚公园商业广场设计过程

圣玛丽亚公园商业广场设计

5）汉中路95号城市更新计划

　　基地位于上海市闸北区（现静安区）汉中路95街坊，根据业主要求将成为高档办公楼及大型高档商场之综合性项目。本项目将与南侧待建92号地块外观统一考虑，办公楼力图获得最大化苏州河沿岸景观并形成协调统一的街景效果。基地北至恒通路，西接恒丰路，南至长安路，东临地铁恒通大厦，基地南侧坐拥苏州河景观。周边现状以商办用地及公共设施用地为主，基地东侧为地铁恒通大厦、上海人才大厦，南侧为金峰大厦，西侧为一天下大酒店、安丰小区，北侧为上海市出入境服务中心、汉中广场、汉中小区。轨道交通13号线（在建）汉中路站位于本地块中；1号线位于基地北侧，12号线（在建）位于基地南侧，1号线、12号线及13号线之换乘大厅也设置在本地块B3层，于本项目开发部分的下部；基地500米范围内有20余条公交线路停靠，公交线路资源丰富；基地内设有一个三条公交线路的起始站，交通十分便利。

（虞大鹏）

汉中路95号更新设计

汉中路 95 号更新设计办公建筑效果图

汉中路 95 号更新设计商业 | 建筑效果图

汉中路 95 号更新设计商业 | 建筑剖面图

汉中路 95 号更新设计总平面图

汉中路 95 号更新设计商业建筑 II 效果图

汉中路 95 号更新设计商业建筑 II 生成过程

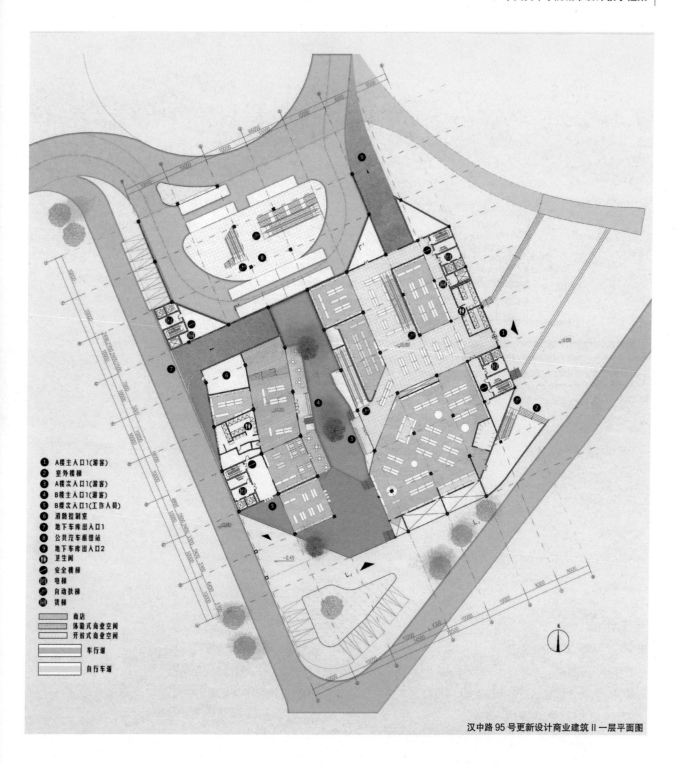

① A楼主入口1(游客)
② 室外楼梯
③ A楼次入口1(游客)
④ B楼主入口1(游客)
⑤ B楼次入口1(工作人员)
⑥ 消防控制室
⑦ 地下车库出入口1
⑧ 公共汽车枢纽站
⑨ 地下车库出入口2
卫 卫生间
安 安全楼梯
电 电梯
扶 自动扶梯
货 货梯

商店
体验式商业空间
开放式商业空间
车行道
自行车道

汉中路95号更新设计商业建筑Ⅱ一层平面图

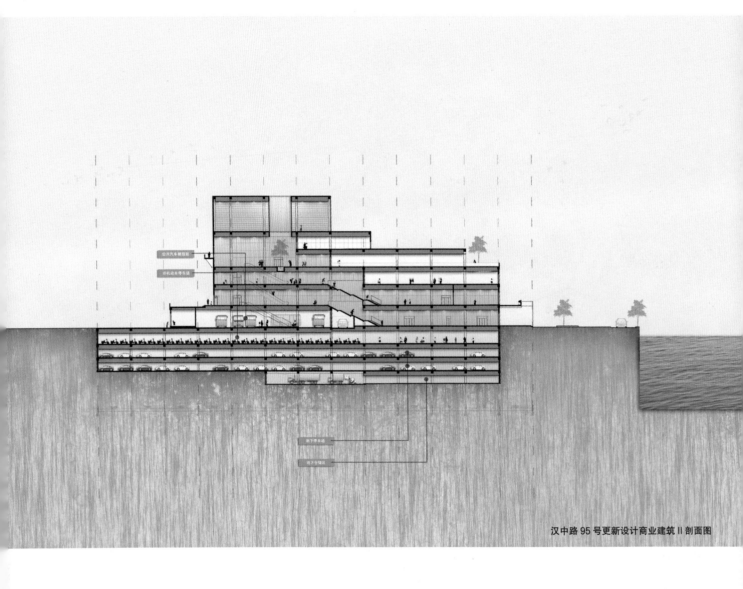

公共汽车候接站
非机动车停车场

地下停车场
地下仓储区

汉中路 95 号更新设计商业建筑 II 剖面图

学生作品：

崇文门商业综合体—陈文杰

夹心容器—张思雨

城隅田居大理古城规划—张凝瑞 晏萌 高诗雨 贾雪迪

大理慢生活居住型社区设计—晏萌

深圳二线关社区规划—闫玉琢

圣玛丽亚公园商业广场设计—李亚先

汉中路 95 号更新设计—周磊 王睿东 蔡明倩 薛海明

4 结语

在中央美术学院建筑学科创立之初,张宝玮教授、韩光煦教授等老先生就有开设城乡规划学科的计划和想法。借 2011 年全国学科调整之机,在时任中央美术学院院长潘公凯教授、时任中央美术学院建筑学院院长吕品晶教授的直接关怀和科学部署之下,中央美术学院城乡规划一级学科申报成功。

随着中国进入城市发展新时代以及新兴城市学问题的提出,中国大学中的城市学科教学急需注入新的血液和观念。如何在全球化、信息化的背景下,思考中国的城乡问题是成为未来的核心命题。结合中央美术学院艺术人文特点,我们希望在继承经典城市学研究成果的基础上,发展出一套具备时代特征、符合美院特色的新型城乡规划和设计教学体系。在此基础上,能够成为学科发展的前沿阵地,在条件允许的情况下,提出新的学科构架理念,为中国城乡规划、城市设计贡献自己的力量。

中央美术学院城乡规划学科以围绕城市空间问题研究为教学核心与教学特色,以城市设计和基于城市研究的建筑设计为出发点探讨城市规划与复杂性建筑设计的理论和方法,重点培养学生驾驭和解决复杂问题的能力。中央美术学院城乡规划教学一方面要应对硕士阶段的专业教学与一级学科建设,另一方面还要应对本科建筑学专业城市设计方向的专业教学。经过初创、尝试以及磨合,我们已经初步建立了一套具备美院特色的教学方法和课程体系,初步建立了一支团结、精干而且高效的教学团队。本书就是我们团队教学思想、成果的全面展示,也是我们面向未来争取更好成果的一个开始。

虞大鹏